气基竖炉直接还原技术及仿真

任素波 白明华 龙鹄 徐宽 著

北 京

冶 金 工 业 出 版 社

2018

内 容 提 要

本书介绍了气基竖炉直接还原技术的基础理论、仿真分析及实验研究。内容涵盖了气基竖炉直接还原技术的国内外现状及发展趋势、直接还原机理、物料平衡分析、气基竖炉的炉型设计方法、气基竖炉内流场、布料过程的仿真模拟、物料热送工艺及装备等方面的知识，内容力求科学性与通俗性相结合，由浅入深，循序渐进。

本书可作为高等院校冶金机械、烧结球团等相关专业的本科生、研究生的教材或参考书；也可供广大冶金设计研究院、烧结球团行业的技术人员、DRI竖炉生产企业的从业人员参考。

图书在版编目(CIP)数据

气基竖炉直接还原技术及仿真/任素波等著 . —北京：
冶金工业出版社，2018.12
ISBN 978-7-5024-8019-6

Ⅰ.①气… Ⅱ.①任… Ⅲ.①竖炉—直接还原—研究
Ⅳ.①TF3

中国版本图书馆 CIP 数据核字(2018)第 289457 号

出 版 人 谭学余
地　　址 北京市东城区嵩祝院北巷 39 号　邮编　100009　电话　(010)64027926
网　　址 www.cnmip.com.cn　电子信箱　yjcbs@cnmip.com.cn
责任编辑 夏小雪　美术编辑 彭子赫　版式设计 禹　蕊
责任校对 郑　娟　责任印制 李玉山
ISBN 978-7-5024-8019-6
冶金工业出版社出版发行；各地新华书店经销；三河市双峰印刷装订有限公司印刷
2018 年 12 月第 1 版，2018 年 12 月第 1 次印刷
169mm×239mm；11 印张；212 千字；164 页
51.00 元
冶金工业出版社　投稿电话　(010)64027932　投稿信箱　tougao@cnmip.com.cn
冶金工业出版社营销中心　电话　(010)64044283　传真　(010)64027893
冶金工业出版社天猫旗舰店　yjgycbs.tmall.com
(本书如有印装质量问题，本社营销中心负责退换)

前　言

随着环保力度逐年增大，我国钢铁工业快速发展的同时，钢铁行业可持续发展对节能减排的需求也更加严格，资源贫乏和环境破坏成为了日益凸显的两大问题。我国冶金行业的传统烧结工艺普遍采用带式烧结机，炼焦—烧结—高炉—转炉—铸轧这一长流程生产方式对环境的污染不可忽视，近些年我国雾霾天气给人们生活带来的影响愈加严重，传统的烧结工艺再次被推上风口浪尖，曾经一度被认为是造成雾霾的罪魁祸首，备受诟病。

由化石燃料燃烧产生的温室气体导致的气候变暖现象已成为全球共同面对的问题，钢铁行业是工业当中的温室气体排放大户。中国是钢铁生产大国，在钢铁生产能源结构中，煤炭尤其是焦煤占的比例最大，据统计，钢铁厂的吨钢 CO_2 排放量约为 1832kg，其中高炉炼铁系统的 CO_2 排放占全流程的 76.1%。同时高炉由于大量使用焦炭以及烧结矿，是 SO_2、NO_x、粉尘的主要来源，也是造成大气雾霾的主要因素之一。以碳还原铁矿石为高炉技术核心的传统长流程钢铁工业亟待转型发展，发展绿色节能的环保型钢铁生产工艺及装备迫在眉睫。

气基竖炉直接还原技术生产直接还原铁是以天然气与二氧化碳或水蒸气催化裂解生成的 H_2 和 CO 作为还原剂，将铁矿石在固态下还原成海绵铁（DRI），在富产天然气的国家中得到迅速发展。与高炉炼铁流程相比，该工艺可摆脱焦煤资源对发展的羁绊，并且物料和气体均在密闭状态下输送，所以大量减少 CO_2 排放，具有低能耗、低排放、清洁生产的特征。同时由于产品 DRI 的化学成分稳定、有害杂质含量少、粒度均匀，是替代或者部分替代废钢的优质原料。国际上，气基竖炉直接还原技术中运用最为广泛的是 MIDREX 工艺和 HYL 工艺，二者均采用天然气改质生成的 CO 和 H_2 为还原气，但气体的 H_2/CO 比值不同，其中 HYL-Ⅲ 工艺中还原气 H_2 含量较高，竖炉炉内压力较高，之后 HYL 公司进一步推出了天然气零重整竖炉技术，并提出直接使用焦炉煤气、合成气、煤制气等为还原气的 Energiron 技术，成为竖炉发展的热点。

在中国，由于煤炭资源的丰富以及已开采的天然气资源缺乏等原因，气基竖炉直接还原技术发展缓慢，20 世纪 90 年代宝钢与鲁南化工厂合作研发煤制气-竖炉生产 DRI，即 BL 法，由于当时煤制气成本高，没有得到进一步发展，近几年各大院校以及研究所增加了对煤制气竖炉的研究。对于焦炉煤气用于 DRI 的生产，国内研究主要侧重于工艺流程介绍及可行性分析。中国 DRI 的市场需求量较大，而目前国内年产量仅在几十万吨，且主要为煤基法，严重供求不平衡。中国资源现状为煤储量丰富而天然气资源较少，为了在中国发展清洁的对天然气资源依赖较小的气基竖炉直接还原技术，近年来探索和采用新的还原气已成为该技术的重点发展方向，其中煤制气、焦炉煤气和合成气等逐渐得到人们的重视，尤其值得关注的是我国每年产出的大量焦炉煤气中含有丰富的氢气资源。目前，国内通过技术引进正在建设一条年产 30 万吨海绵铁焦炉煤气竖炉直接还原铁生产线。

鉴于我国钢铁行业的基本国情，为促进钢铁行业技术进步，提高能源资源利用效率，改善环境，化解过剩产能，随着钢铁行业供给侧结构性改革的深入进行，可以预见气基竖炉直接还原技术在中国必将得到长足的发展，而目前适合我国国情的关于该技术的专业书籍，理论基础十分匮乏。为此，作者结合多年气基直接还原研发经验，将近些年作者所在课题组关于气基直接还原反应机理、还原实验、还原竖炉炉型设计、炉内物料运动仿真，热直接还原铁输送技术等研究成果加以总结成书。书中内容浅显，很多工作尚不完善，但作者仍坚持出版，意在抛砖引玉，把我们的观点共享，与广大冶金学者及同行进行交流，以期丰富气基竖炉直接还原技术的基础理论，为带动广大技术人员开展更加深入的研究增加动力，推动行业发展进步，为该技术在我国的工业化略尽绵薄之力。

　　本书由燕山大学任素波、白明华、龙鹄、徐宽撰写，任素波撰写第1、2章，白明华撰写第4、8章，龙鹄撰写第3、6章，徐宽撰写第5、7章，全书由任素波统稿。著书过程中，参考了同行的一些研究成果及相关文献，在此一并向他们深表感谢！同时，感谢河北省自然科学基金项目（E2017203157）对本书的资助！

　　由于作者水平和精力有限，书中内容难免存在不足之处，恳请专家和广大读者批评指正。

著　者
2018 年 10 月

目　录

1 概 述

随着钢铁工业的快速发展，资源贫乏和环境破坏成为了日益凸显的两大问题。我国非焦煤资源丰富，但焦煤资源匮乏，这使得依赖于焦煤资源的高炉炼铁需要寻找新的途径。炼焦—烧结—高炉—转炉—铸轧这种长流程生产工艺对环境的影响不可忽视，如我国雾霾天气与之有很大联系。废钢的不足和杂质成分的存在使优质钢种的冶炼受到阻碍，非高炉炼铁以非焦煤为能源，适合短流程炼钢，能摆脱资源匮乏的困境和解决环境破坏的问题。同时，非高炉炼铁的产品——海绵铁含硫、磷及有色金属等杂质较少，是电炉冶炼优质钢种的原料。目前，非高炉炼铁有熔融还原和直接还原两种方式。在我国，熔融还原有一定的发展，宝钢已有 COREX-3000 熔融还原竖炉两座，但尚无工业化的气基竖炉直接还原设备和工艺。

直接还原技术炼铁是钢铁生产短流程的基础，指在铁矿石软化温度以下进行还原以获得固态金属铁的方法，属于非高炉炼铁范畴的一种炼铁工艺方法。与高炉的产品——高温铁水不同，直接还原技术炼铁的产品为固态的直接还原铁（DRI）。由于铁矿石在失氧过程中形成气孔，直接还原铁在显微镜下观察形似海绵，所以又叫海绵铁。根据还原剂的不同，直接还原分为以 CO 和 H_2 气体为还原剂的气基直接还原和以非焦煤为还原剂的煤基直接还原两种。不同的直接还原工艺，发生反应的主体设备也不尽相同。直接还原的主体设备有竖炉、回转窑、流化床、隧道窑等，因此直接还原技术有气基竖炉法、气基流化床法、煤基回转窑法、煤基隧道窑法等。主要的气基直接还原技术有 MIDREX、HYL 和 FIOR，主要的煤基直接还原技术有 SL/RN、DRC 法等。气基法由于反应速率快、生产效率高、能量利用率高、产品质量好等优点而得到了较快的发展，如今在国外已逐渐发展成为直接还原的主导工艺。

1.1 直接还原技术的现状及发展

1.1.1 世界直接还原技术的现状及发展

20 世纪 20 年代，英国建立了世界上第一个直接还原铁厂。此后，各种直接还原技术经受了工业生产的实用考验，并在生产技术上有了很大的进步。在 20 世纪 30 年代，瑞典开发的 WBIERG 法，使得世界上出现了第一个利用焦炭气化制取的气体作为铁矿石还原剂的方法，并将此方法工业化。

随着直接还原技术的发展，1957年希尔萨公司在蒙特利尔建立了首座9.5万吨的HYL气基直接还原铁生产装备，此套技术装备的投产也标志现代化DRI技术的开端。MIDREX法对DRI生产技术进行了重大突破，体现在采用连续化作业方法。1973年，采用MIDREX法的产量已经超过了HYL方法，成为世界上产量最大的直接还原工艺方法。

发展到当今，国外直接还原技术已经十分成熟，根据MIDREX公布的初步统计数据，2016年全球直接还原铁产量为7277万吨。近两年世界直接还原铁产量在全球的分布见表1-1，中东北非地区2016年产量为3419万吨，比2015年增长了6.38%；北美地区2016年产量为321万吨，同比增长23.46%；亚洲/大洋洲地区2016年产量为1918万吨，同比增长2.62%。主要生产国印度和伊朗产量分别为1847万吨和1601万吨，同比分别增长4.5%和10%。沙特阿拉伯、俄罗斯和墨西哥产量分别是589万吨、570万吨和531万吨，中国直接还原铁产量未统计在内。

表1-1 2015年和2016年世界直接还原铁产量 （百万吨）

地 区	2015年	2016年
拉美	12.1	9.19
中东北非	32.14	34.19
亚洲/大洋洲	18.69	19.18
北美	2.60	3.21
独联体/东欧	5.44	5.70
撒哈拉以南	1.12	0.70
西欧	0.55	0.60
全球总计	72.64	72.77

21世纪以来，世界直接还原铁产量呈增长趋势，并且MIDREX公司指出，随着新一批直接还原设备的建立与投产，产量增长趋势还将持续，未来直接还原铁将以每年600万吨的产量增加。

近五年来采用不同生产工艺的直接还原铁产量，见表1-2。其中，主要以气基竖炉直接还原法的MIDREX工艺和HYL法工艺生产为主导，占世界直接还原铁总量的75%以上。随着气基竖炉直接还原技术的不断发展，可利用多种气源作为还原气体，如天然气、高炉煤气、转炉煤气以及煤制气等，均可用于相应的直接还原工艺，这就使得天然气资源匮乏的区域发展气基竖炉直接还原技术成为了可能。

表 1-2 2012~2016 年世界直接还原铁产量 （百万吨）

工 艺	2012 年	2013 年	2014 年	2015 年	2016 年
MIDREX	44.76	47.56	47.12	45.77	47.14
HYL/Energiron	10.79	11.29	12.08	11.62	12.66
流化床工艺	0.53	0.14	—	0.51	0.24
回转窑法，煤基	17.06	15.93	15.39	14.74	12.73
全球总计	73.14	74.92	74.59	72.64	72.77

1.1.2 我国直接还原技术的现状及发展

我国从 20 世纪 60 年代即开始了直接还原技术的研究，在这半个世纪中走过了漫长而曲折的道路，发展缓慢。时至今日尚无连续生产的气基竖炉直接还原工艺及装备，究其原因，天然气和高品位铁矿石资源短缺是严重制约我国气基竖炉直接还原技术发展的重要因素。至今我国每年直接还原铁的产量未超过 100 万吨，占世界总产量比重极小。

由于天然气资源不足，我国直接还原技术的研究开发工作一直立足于利用国内丰富的煤炭资源上，即走煤基直接还原铁的道路。在煤基直接还原技术方案中，主要集中在隧道窑、回转窑和转底炉技术的研究，特别是前两项，在国内发展应用已经比较成熟。目前，我国已建的比较有代表性的回转窑直接还原厂有：密云、喀左、天津钢管、鲁中、富蕴金山矿业，其中天津钢管公司引进外来技术，并通过改造取得了技术上的突破，使得生产指标达到了国际领先的地位。在使用 TFe68% 球团时，产品 TFe 含量 >94.0%，金属化率 >93.0%，S、P 含量 <0.015%，SiO_2 含量约为 1.0%，煤耗（褐煤）900~950kg/t，单机产能达 15 万吨/年，而且通过尾气预热发电进一步降低了能耗。

近些年，随着钢铁工业的发展、环境保护要求的提高以及对含铁尘泥处理、复合矿综合利用的重视，转底炉工艺受到人们的关注。除了 20 世纪 90 年代在鞍山、舞阳、河南等地建转底炉探索性生产装置外，这几年又在四川龙蟒、攀枝花、日照、马钢、沙钢、山西翼城、莱钢、天津荣程等地建立生产装置。截至目前，国内有产能 3000~10000 吨/年的隧道窑数座，设计产能约 60 万吨，是目前国内直接还原铁的主要生产工艺；5 万吨/年以上规模的回转窑企业 5 家，总产能 76.2 万吨，但这 5 家企业由于成本、环保、原料等原因现在处于停产状态。尽管煤基直接还原技术在我国发展较好，但是该技术在生产规模、能源消耗、环境保护、产品质量、技术稳定性以及成本等方面仍然存在着大量的问题没有得到解决，无法与气基竖炉直接还原技术相比较。我国天然气资源短缺，可直接用于直接还原的高品位块矿和球团矿也匮乏，迄今尚没有气基竖炉直接还原技术的工业化生产装备。近年来，我国钢铁、化工业界对煤制气-竖炉直接还原技术进行了大量的调查研究工作，积累了丰富的数据，为我国采用煤制气-竖炉直接还原技术奠定了良好的基础。业内专家和企业用户普遍认为，煤制气-竖炉直接还原技术在将来一定会成为我国直接还原铁生产工艺的主要途径。但是，煤制气方法的选择、煤种的选择、竖炉工艺的选择、煤制气与竖炉的衔接、煤气的加热及相关装备等问题还有待进一步深入地研究和探讨。

早在 20 世纪 70 年代，广东韶关钢铁厂就进行了水煤浆制气竖炉还原生产海绵铁的试验。1997~1998 年，宝钢公司与山东鲁南化工集团公司合作，进行了德士古炉水煤浆制气-竖炉生产直接还原铁的半工业性试验，连续 20 天稳定地生产出金属化率达 93.04% 的合格海绵铁。其实验工艺流程如图 1-1 所示。从德士古炉生产出来的煤气经过脱除 CO_2、H_2S 后，在加热炉加热到 850~950℃，之后进入竖炉还原球团矿，该试验装置及各项工艺参数设计合理、很成功，对推进以煤制气-竖炉直接还原铁技术的发展有重要意义。据不完全统计，目前国内约有 30 家单位正在筹划、规划、设计建设煤制气-竖炉直接还原铁生产线。这些生产线建成后，将改变我国直接还原铁的生产面貌，但由于其原料供应没有落实以及投资大等原因，至今还没有进入实质性的建设阶段。

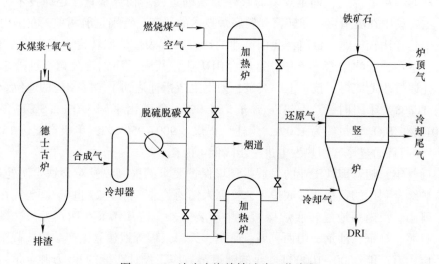

图 1-1   BL 法生产海绵铁试验工艺流程

目前国内直接还原铁产能很低，仅为百万吨级，这种状况与我国钢铁生产技术发展水平和经济社会发展需要极不平衡。据中国废钢铁应用协会统计预估，目前我国直接还原铁的年需求量为 1000 万~1500 万吨。因此，高品质的直接还原铁在我国具有广阔的发展前景，时不我待，现在正是大力发展我国直接还原铁技术，特别是发展气基竖炉直接还原技术的关键时期。

1.2 典型的气基竖炉直接还原工艺

1.2.1 MIDREX 工艺

MIDREX 工艺由美国 MIDREX 公司开发，是当今世界直接还原铁产量最大的直接还原工艺，占直接还原铁产量的 50% 以上。从 1936 年开始研究以来，经长期试验，直至 1966 年天然气制取还原气和气-固相逆流热交换还原竖炉两项关键技术的成功，才使得该技术趋于成熟。MIDREX 还原工艺流程如图 1-2 所示。

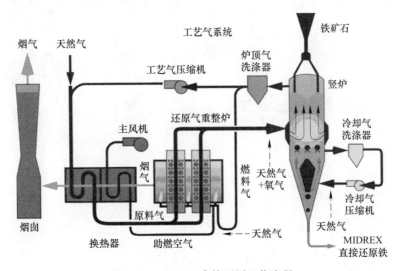

图 1-2 MIDREX 直接还原工艺流程

MIDREX 法的主要设备组成有竖炉、还原气重整炉、冷却气洗涤器和炉顶气洗涤器。年产 40 万吨的竖炉总高 45.19m，最大外径 7.188m，还原区直径 4.8m，还原区高度 9m，总容积为 341m³，上部呈圆柱体体积约为 262m³，下部呈圆锥体积约 79m³，共设置 38 个还原气入口；与年产 40 万吨直接还原竖炉配套的重整炉长为 3.9m，宽为 10m，炉墙耐火材料厚 300mm，隔热层厚为 80mm，炉顶厚为 230mm。洗涤系统由文丘里管、填料洗涤塔和锥心除雾器三部分组成；炉顶气洗涤塔的特性和结构与冷却气洗涤塔相同。炉顶气和冷却气洗涤塔除尘量约为产品产量的 2%。洗涤水经闭路或开路循环水系统处理。

1.2.2 HYL-Ⅲ工艺

HYL-Ⅲ工艺是墨西哥 Hylsa（希尔萨）公司开发的直接还原工艺，其工艺流程如图 1-3 所示。还原气以水蒸气为裂化剂，以天然气为原料，通过催化裂化反应制取。与 MIDREX 工艺相比，HYL-Ⅲ具有以下特点：（1）还原气中氢含量高，

$H_2/CO = 5.6 \sim 5.9$，而 MIDREX 竖炉 $H_2/CO = 1.55$；（2）操作压力大，为 0.55MPa，而 MIDREX 竖炉为 0.23MPa；（3）还原温度高达 930℃，MIDREX 竖炉为 850℃。由于上述特点的存在，使得 HYL-Ⅲ 竖炉生产效率高。与 MIDREX 竖炉相比，同样炉容的条件下，HYL-Ⅲ 竖炉海绵铁产量更大。加上制气部分和还原竖炉相对独立，使得还原竖炉选择配套的还原气发生设备具有很大的灵活性。而 MIDREX 工艺，还原竖炉和制气设备是相互联系、互相影响的。

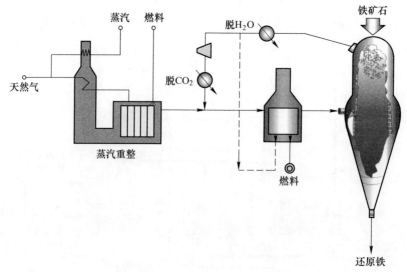

图 1-3 HYL-Ⅲ直接还原工艺流程

HYL 公司进一步推出了天然气零重整竖炉技术，并提出直接使用焦炉煤气、合成气、煤制气等为还原气的 Energiron 技术，成为竖炉发展的热点。Energiron 工艺流程如图 1-4 所示，天然气、焦炉煤气等气体经加热器加热至 950℃，在入炉前部分氧化，温度升高到 1050℃，生成的 H_2O 与 CH_4 在竖炉内以 Fe 作为催化剂进行重整，得到还原气体，与原有工艺技术相比无需再额外增加重整装置，还原效率及能量利用率更高。竖炉顶部排出的气体经过洗涤系统脱水以及 CO_2 去除系统后循环利用。竖炉内压力为 $0.4 \sim 0.6$MPa，生产能力大，且烟尘损失很小。该工艺流程所涉及的部分氧化和重整反应主要为式(1-1)~式(1-4)，竖炉内还原反应为式(1-5)和式(1-6)，增碳反应为式(1-7)，即：

$$2H_2 + O_2 \Longrightarrow 2H_2O \tag{1-1}$$

$$2CH_4 + O_2 \Longrightarrow 2CO + 4H_2 \tag{1-2}$$

$$CH_4 + H_2O \Longrightarrow CO + 2H_2O \tag{1-3}$$

$$CO + H_2O \Longrightarrow CO_2 + H_2 \tag{1-4}$$

$$Fe_2O_3 + 3H_2 \Longrightarrow 2Fe + 3H_2O \tag{1-5}$$

$$Fe_2O_3 + 3CO \Longrightarrow 2Fe + 3CO_2 \qquad (1\text{-}6)$$

$$3Fe + CH_4 \Longrightarrow Fe_3C + 2H_2 \qquad (1\text{-}7)$$

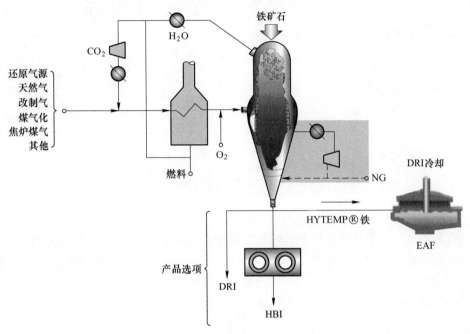

图 1-4 Energiron 总工艺流程

2 气基竖炉直接还原机理

铁矿石球团在竖炉内与逆向还原气发生反应,逐级还原,最终成为直接还原铁。原料成分、性能、还原气组成、温度等参数均会对炉内反应及能质传递过程带来影响,氢气还原速率、还原过程中物料冶金性能的变化,如膨胀性、抗压强度、黏结粉化现象等与竖炉生产效率和产品质量息息相关。

2.1 气基竖炉直接还原反应的热力学规律

利用铁氧化物还原反应热力学,可研究还原反应的可能性,并确定反应过程的最大限度。本节首先以铁氧化物的标准生成自由能为基础,比较了不同铁氧化物的稳定性,并进一步根据 H_2、CO 还原氧化铁的吉布斯自由能函数,计算得到不同温度下还原气体的平衡成分以及最低所需还原气量,最后对还原气体的热力学利用率进行计算,并分析温度、还原气组成等因素对利用率的影响。

2.1.1 铁氧化物的稳定性

不同温度和氧质量分数条件下,Fe 与 O 形成一系列化合物,如赤铁矿 Fe_2O_3、磁铁矿 Fe_3O_4、浮氏体 FeO。Fe-O 二元相图如图 2-1 所示。其中,浮氏体中的氧含量在一定范围随着温度的降低,含氧量范围逐渐减小,直到 570℃时,达到定值,此时氧的质量分数为 23.23%,铁氧摩尔比约为 0.947,简记为 FeO。温度低于 570℃时,FeO 不能稳定存在,随着含氧量的增加,形成的氧化物分别为 Fe_3O_4、Fe_2O_3。温度高于 570℃,且低于 1424℃时,FeO 能稳定存在,随着氧含量的增加,形成的铁氧化物依次为 FeO、Fe_3O_4、Fe_2O_3。

对于铁元素以及相应还原剂和氧的化学反应,其标准反应形式可表示为下式:

$$\frac{2x}{y}M + O_2 = \frac{2}{y}M_xO_y \quad \Delta_r G^{\ominus} = -RT\ln\frac{1}{P_{O_2}} = RT\ln P_{O_2} \tag{2-1}$$

式中 $\Delta_r G^{\ominus}$ ——氧化物的生成吉布斯自由能,J/mol;

   R ——气体常数,8.314J/(mol·K);

   T ——温度,K;

   P_{O_2} ——氧气的压力分数。

基于热力学原理,直线位置越低,吉布斯自由能越小,相应的氧化物越稳

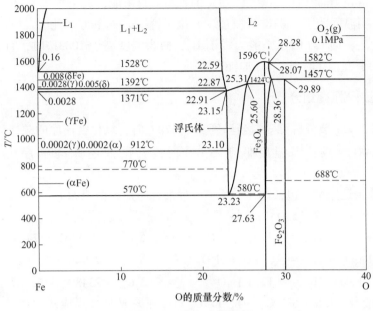

图 2-1 Fe-O 二元相图

定。根据式(2-1)，可得到铁氧化物以及还原气氧化物的生成吉布斯自由能 $\Delta_r G^\ominus$ 与 T 的直线关系，即氧势图，如图 2-2 所示。当温度高于 843K（570℃）时，FeO 的生成吉布斯自由能所对应的直线 C 位置最低，而 Fe_2O_3 所对应的直线 A 位置最高，从而得到不同价态的铁氧化物的稳定性顺序依次为：$FeO > Fe_3O_4 > Fe_2O_3$，即 FeO 最为稳定，也最难被还原气体还原。直线 E、F 分别代表 1mol H_2 氧化生

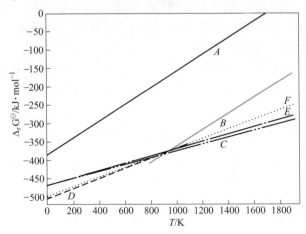

图 2-2 不同氧化物的氧势图

A—$4Fe_3O_4 + O_2 = 6Fe_2O_3$；$B$—$6FeO + O_2 = 2Fe_3O_4$；$C$—$2Fe + O_2 = 2FeO$；

D—$3/2Fe + O_2 = 1/2Fe_3O_4$；E—$2H_2 + O_2 = 2H_2O$；F—$2CO + O_2 = 2CO_2$

成 H_2O，以及 1mol CO 氧化生成 CO_2 的吉布斯自由能，两条直线于温度为 1083K 处相交。当温度低于 1083K 时，直线 F 位于直线 E 的下方，此时，CO 生成的氧化物更稳定，即 CO 的还原能力强于 H_2，而当温度高于 1083K 时，直线 E 位于直线 F 的下方，此时 H_2 的还原能力更强。

2.1.2　还原气平衡组分

根据 2.1.1 节分析可知，当温度高于 570℃时，氧化铁还原的顺序为 $Fe_2O_3 \rightarrow$ $Fe_3O_4 \rightarrow FeO \rightarrow Fe$；当温度低于 570℃时，氧化铁还原的顺序为 $Fe_2O_3 \rightarrow$ $Fe_3O_4 \rightarrow Fe$。

H_2 作为还原剂所包括的化学反应及标准吉布斯自由能如下：

温度高于 843K（570℃）时：

$$3Fe_2O_3 + H_2 =\!\!=\!\!= 2Fe_3O_4 + H_2O \qquad \Delta_r G_m^{\ominus} = -15547 - 74.40T \qquad (2\text{-}2)$$

$$Fe_3O_4 + H_2 =\!\!=\!\!= 3FeO + H_2O \qquad \Delta_r G_m^{\ominus} = 71940 - 73.62T \qquad (2\text{-}3)$$

$$FeO + H_2 =\!\!=\!\!= Fe + H_2O \qquad \Delta_r G_m^{\ominus} = 23430 - 16.16T \qquad (2\text{-}4)$$

温度低于 843K（570℃）时，Fe_3O_4 直接还原成 Fe，反应式为：

$$\frac{1}{4}Fe_3O_4 + H_2 =\!\!=\!\!= \frac{3}{4}Fe + H_2O \qquad \Delta_r G_m^{\ominus} = 35550 - 30.40T \qquad (2\text{-}5)$$

H_2 还原的特点如下：

（1）全部气相产物为水，无 CO_2 排放。

（2）所有反应均无气相体积的变化，其平衡常数与压力无关，仅取决于温度。

（3）除第一阶段反应式(2-2)为放热，其余反应均为吸热、可逆反应。

CO 作为还原气体所涉及的化学反应及标准吉布斯自由能如下：

温度高于 843K（570℃）时：

$$3Fe_2O_3 + CO =\!\!=\!\!= 2Fe_3O_4 + CO_2 \qquad \Delta_r G_m^{\ominus} = -52131 - 41.00T \qquad (2\text{-}6)$$

$$Fe_3O_4 + CO =\!\!=\!\!= 3FeO + CO_2 \qquad \Delta_r G_m^{\ominus} = 35380 - 40.16T \qquad (2\text{-}7)$$

$$FeO + CO =\!\!=\!\!= Fe + CO_2 \qquad \Delta_r G_m^{\ominus} = -13175 + 17.24T \qquad (2\text{-}8)$$

温度低于 843K（570℃）时，Fe_3O_4 直接还原成 Fe，反应式如下：

$$\frac{1}{4}Fe_3O_4 + CO =\!\!=\!\!= \frac{3}{4}Fe + CO_2 \qquad \Delta_r G_m^{\ominus} = -1036 - 2.89T \qquad (2\text{-}9)$$

CO 还原的特点如下：

（1）与 H_2 还原类似，所有反应均无气相体积的变化，其平衡常数与压力无关，仅取决于温度。

（2）第二阶段反应式(2-7)为吸热，其余反应均为放热反应。

以上各反应的平衡常数可根据吉布斯自由能求出，即：

$$\lg K^{\ominus} = \frac{-\Delta_r G_m^{\ominus}}{2.303RT} \qquad (2-10)$$

氢气还原时，平衡常数为：

$$K^{\ominus} = \frac{a_{H_2O}}{a_{H_2}} = \frac{p_{H_2O}}{p_{H_2}} = \frac{X_{H_2O}}{X_{H_2}} = \frac{1 - X_{H_2}}{X_{H_2}} \qquad (2-11)$$

$$X_{H_2} = \frac{1}{1 + K^{\ominus}} \qquad (2-12)$$

根据上述推导，可分别求出 H_2 和 CO 不同还原反应达到平衡时的摩尔分数，如图 2-3 所示，其中实线表示 H_2 各级还原，虚线表示 CO 各级还原。从图 2-3 中观察可知，还原第一阶段即曲线 1 和曲线 5 中的 H_2 和 CO 在反应达到平衡时摩尔分数接近为零，说明由 Fe_2O_3 还原到 Fe_3O_4 的反应不可逆，即微弱的还原气氛便能使该反应充分进行。

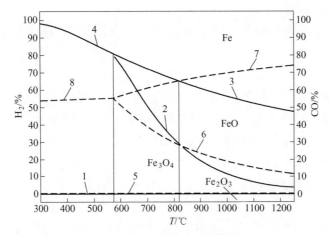

图 2-3 H_2(CO) 还原铁氧化物平衡图

1—$3Fe_2O_3 + H_2 = 2Fe_3O_4 + H_2O$；2—$Fe_3O_4 + H_2 = 3FeO + H_2O$；3—$FeO + H_2 = Fe + H_2O$；

4—$1/4Fe_3O_4 + H_2 = 3/4Fe + H_2O$；5—$3Fe_2O_3 + CO = 2Fe_3O_4 + CO_2$；

6—$Fe_3O_4 + CO = 3FeO + CO_2$；7—$FeO + CO = Fe + CO_2$；8—$1/4Fe_3O_4 + CO = 3/4Fe + CO_2$

当温度高于 570℃ 时，比较 H_2(CO) 还原第二阶段即曲线 3 与曲线 7（FeO→Fe）和第三阶段即曲线 2 与曲线 6（Fe_3O_4→FeO）的平衡浓度，可知 FeO→Fe 还原平衡时所对应的还原气浓度较高，即浮氏体的还原难度更大，较难还原。H_2 还原 FeO 的浓度曲线与 CO 平衡浓度曲线相交于 810℃，此时二者平衡浓度相等，约为 65%。随着温度的进一步升高，H_2 的还原浓度逐渐降低，与 CO 相比还原能力逐渐增强。

当温度低于 570℃ 时，如前所述，FeO 不能稳定存在，Fe_3O_4 直接还原为 Fe。

从图 2-3 中观察可知，在 300~570℃温度区间，$Fe_3O_4 \rightarrow Fe$ 即曲线 4 所对应的 H_2 还原浓度（摩尔分数）为 97.8%~80.5%，曲线 8 所对应的 CO 平衡浓度为 53.2%~54.9%，H_2 还原浓度远高于 CO，说明在此温度范围内，温度较低，H_2 的还原能力低于 CO。

2.1.3 还原气热力学利用率分析

在竖炉的实际生产过程中，还原气利用率受热力学条件、动力学条件以及平衡条件三大主要因素的影响。其中，热力学条件决定了还原气利用率的极限值。

还原气在竖炉中自下而上逆向逐级还原铁氧化物，经历三个不同的还原阶段，后一阶段还原后产生的气体作为前一阶段的还原气。不同阶段对还原气的利用率和需求量均不一样，理论上只有一个阶段其还原气达到平衡，还原气需求量最大，这一阶段成为决定还原气热力学利用率的关键环节，而其余阶段处于还原气过剩状态。

以最终还原得到 1mol Fe 为例，假设还原气需求量为 n mol，则第三阶段还原反应可表示为：

$$FeO + nH_2(CO) \Longrightarrow Fe + H_2O(CO_2) + (n-1)H_2(CO) \tag{2-13}$$

第三阶段产生的气体作为第二阶段的还原气，第二阶段还原反应可表示为：

$$1/3Fe_3O_4 + (n-1)H_2(CO) + H_2O(CO_2) \Longrightarrow$$
$$FeO + 4/3H_2O(CO_2) + (n-4/3)H_2(CO) \tag{2-14}$$

第二阶段产生的气体作为第一阶段的还原气，第一阶段还原反应可表示为：

$$1/2Fe_2O_3 + (n-4/3)H_2(CO) + 4/3H_2O(CO_2) \Longrightarrow$$
$$1/3Fe_3O_4 + 3/2H_2O(CO_2) + (n-3/2)H_2(CO) \tag{2-15}$$

为满足各阶段对还原气氛的要求，第三阶段最小还原气量需满足下式：

$$K_3 = 1/(n-1) \quad n = 1 + 1/K_3 \tag{2-16}$$

第三阶段还原气热力学利用率为：

$$\eta_3 = \frac{X_{H_2O(CO_2)}}{X_{H_2(CO)} + X_{H_2O(CO_2)}} = \frac{1}{n} \tag{2-17}$$

第二阶段最小还原气量需满足：

$$K_2 = \frac{4/3}{(n-4/3)} \quad n = \frac{4}{3}(1 + 1/K_2) \tag{2-18}$$

第二阶段还原气热力学利用率为：

$$\eta_2 = \frac{X_{H_2O(CO_2)}}{X_{H_2(CO)} + X_{H_2O(CO_2)}} = \frac{4/3}{n} \tag{2-19}$$

第一阶段最小还原气量需满足：

$$K_1 = \frac{3/2}{(n - 3/2)} \qquad n = \frac{3}{2}(1 + 1/K_1) \qquad (2\text{-}20)$$

第一阶段还原气热力学利用率为：

$$\eta_1 = \frac{X_{H_2O(CO_2)}}{X_{H_2(CO)} + X_{H_2O(CO_2)}} = \frac{3/2}{n} \qquad (2\text{-}21)$$

第一阶段对还原气氛要求极低，平衡常数非常大，因此通过式(2-21)计算可知，还原气利用率接近于100%，还原气不用过量，所需总还原气量仅为1.5mol，因此第一阶段不可能成为关键环节，对第二阶段和第三阶段的还原气需求量进行计算和比较。

根据上式，可得到两个阶段即第二和第三阶段最小还原气量与温度的关系，如图2-4所示，实线和虚线分别对应 H_2 与 CO 还原。H_2 还原条件下，两条曲线相交点温度（关键环节转变温度 T_t）为625℃，当温度低于625℃时，第二阶段 $Fe_3O_4 \rightarrow FeO$ 还原所需 H_2 含量较高，此时该反应为关键环节；当温度高于625℃时，第三阶段 $FeO \rightarrow Fe$ 还原所需 H_2 含量较高，此时第三阶段反应为关键环节。CO 还原条件下，转变温度为650℃，当温度低于650℃时，第二阶段为关键环节；当温度高于650℃时，第三阶段反应为关键环节。

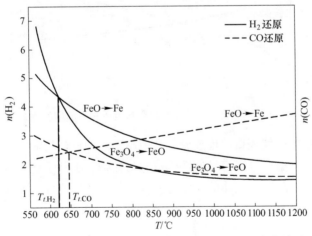

图 2-4 各阶段 $H_2(CO)$ 最小还原气量随温度的变化关系

综合热力学利用率受到关键环节转变温度的影响，当温度低于转变温度（T_t）时，取第二阶段的利用率为综合热力学利用率，当温度高于转变温度（T_t）时，取第三阶段的利用率为综合热力学利用率。不同温度下的 H_2 以及 CO 还原综合热力学利用率见表2-1，当温度从600℃升高到1000℃时，H_2 还原条件下，还原气利用率从0.19逐渐升高至0.43；CO 还原条件下，还原气利用率从0.37首先升高至0.41，随后下降至0.30。

表 2-1 H₂(CO) 还原综合热力学利用率

温度/℃	600	650	700	750	800	850	900	950	1000
$n(H_2)$/mol	5.17	4.03	3.59	3.25	2.98	2.76	2.58	2.43	2.31
$\eta_3(H_2)$	0.19	0.25	0.28	0.31	0.34	0.36	0.39	0.41	0.43
$n(CO)$/mol	2.72	2.43	2.56	2.69	2.81	2.94	3.06	3.18	3.29
$\eta_3(CO)$	0.37	0.41	0.39	0.37	0.36	0.34	0.33	0.32	0.30

图 2-5 所示为还原气最小量 n 及综合利用率 η 与温度的关系，可知随着温度的升高，H_2 还原的利用率逐渐升高，所需最小还原气量逐渐减少；CO 还原的利用率呈先升高、后降低的趋势。

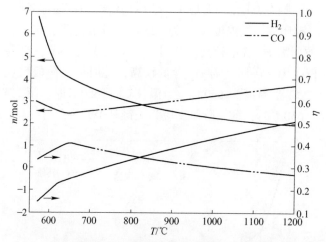

图 2-5 还原气最小量 n 及综合利用率 η 与温度的关系

实际生产中还原气入口温度通常控制在 800~1000℃ 范围内，温度太低反应速率会大幅降低，温度过高容易使铁矿石软融黏结，不利于还原气体顺行。在此温度范围内，第三阶段浮氏体的还原为关键环节，此还原反应的还原气利用率作为综合热力学利用率，计算如下：

$$\eta_3 = x_{H_2} \cdot \frac{K_{3,\,H_2}}{1 + K_{3,\,H_2}} + x_{CO} \cdot \frac{K_{3,\,CO}}{1 + K_{3,\,CO}} \tag{2-22}$$

$$\lg K_{3,\,H_2} = \frac{-1223.68}{T} + 0.84 \tag{2-23}$$

$$\lg K_{3,\,CO} = \frac{688.09}{T} - 0.90 \tag{2-24}$$

热力学利用率受到温度及还原气中 H_2 含量的影响，不同还原气条件下热力学利用率随温度的变化，如图 2-6 所示。随着温度的升高，纯 H_2 还原条件下还原气利用率逐渐升高，纯 CO 还原条件下，还原气利用率逐渐降低。H_2 还原曲线与 CO 还原曲线相交于温度为 810℃的点，此时两者还原气利用率约为 0.35。当温度高于 810℃时，H_2 利用率较高，增加 H_2 含量有利于提高还原气利用率；而当温度低于 810℃时，CO 利用率较高，此时增加还原气中 CO 含量有助于提高还原气利用率。

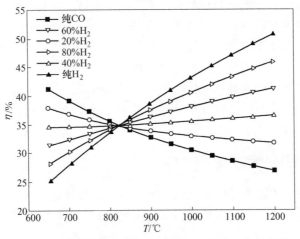

图 2-6   不同还原气条件下热力学利用率随温度的变化

2.2   铁矿石球团气基直接还原动力学机理

通过铁氧化物还原反应动力学研究，可了解还原过程机理以及各环节对还原速率的影响，从而确定反应限制环节，分析还原速率的影响因素，为强化直接还原过程提供理论依据和支持。许多学者对铁矿石还原动力学进行了基础研究，为研究还原过程发生的各种现象如能量交换、质量传递、还原粉化、膨胀率及抗压强度变化等提供理论支持，但目前 H_2-N_2 气氛条件下还原动力学研究较少。本节在前人研究的基础上，建立了还原反应动力学模型，用于后续还原过程动力学实验数据的分析以及数值模拟。

2.2.1   还原过程组成环节

铁氧化物在热力学上还原过程逐级进行，首先形成较低价的氧化物，最终生成铁。在动力学上，则为多个复杂的气-固相反应串联及并行组成：

（1）还原气通过铁矿石（球团矿）外部的气相边界层扩散至矿石表面；

（2）还原气通过产物层包括金属以及低价铁氧化物的空隙或裂纹向内扩散，到达反应界面；

（3）在界面上发生化学反应，包括反应气体的吸附、气体产物的解附、固体产物新核的形成及长大；

　　（4）解附后的氧化气体通过产物层向外扩散到达球团矿外表面；

　　（5）氧化气进一步通过气相边界层扩散到主流气相中。

　　整个还原过程由外扩散、内扩散及界面化学反应三大主要环节构成，其中速率最慢环节为整个反应过程的控速环节。

　　影响还原速率的因素包括铁矿石的粒度、孔隙度、温度及还原气组成等。当内扩散为限制环节时，球团的粒度和孔隙度对还原速率影响较大。球团粒度小，则表面积大，还原速率较快，但过小的粒度会降低竖炉内料层的透气性，从而使外扩散阻力增大；球团的孔隙度大，则气体在球团内的扩散较快。当化学反应为限制环节时，提高温度能提高反应速率。但温度过高，会引起物料的黏接从而对孔隙度带来影响。不同的还原气组成对还原速率影响十分显著，由于 H_2 的扩散系数以及附着在氧化铁上的能力远大于 CO，因此其还原速率较高。

2.2.2　还原过程数学模型的选择

　　铁矿石还原过程因为球团的致密程度不同，逐级分层不同，模拟过程中形成了不同的数学模型，常用的有单界面未反应核模型、三界面未反应核模型以及多孔体积反应模型。

　　单界面未反应核模型仅考虑一个界面（FeO｜Fe 或 Fe_2O_3｜Fe），由于浮氏体还原在整个还原过程中对还原氛围要求较高，因此考虑 FeO｜Fe 界面更符合实际。单界面未反应核模型如图 2-7 所示。球团矿的初始半径为 r_1，加上边界层的半径为 r_0，反应一段时间后未反应 FeO 核的半径为 r，外层为 Fe 产物层。浓度为 c_0 的 H_2 由外向内首先通过气体边界层扩散至球团表面，在球团表面的浓度为 c_1，然后通过产物层扩散至反应界面，此时浓度为 c，进一步发生还原反应，当反应达到平衡时 H_2 的浓度为 c_{eq}。在此模型基础上，可根据不同条件下的还原数据，推导出还原时间与还原率的数学表达式，求解出扩散系数及表观反应速率常数，并判定控制环节。

　　三界面未反应核模型同时考虑三个界面（FeO｜Fe、FeO｜Fe_3O_4、Fe_3O_4｜Fe_2O_3），示意图如图 2-8 所示。还原反应在各个界面上进行，整个还原过程由 3 个界面反应以及 8 个扩散环节构成，还原气与氧化气通过各层逆向扩散。根据稳态下各环节速率相等的关系，可推导出总还原反应以及各环节的速率表达式。该模型能反应还原过程分层性，但与单界面模型相比待测参数较多，求解较为复杂。

　　上述两种模型主要针对固体原料孔隙率较低的情况。当矿石的孔隙率较高时，还原气能扩散到球的深处，还原反应发生在各空隙的表面，因此需采用多孔体积反应模型。但值得注意的是，还原过程中孔隙度在不断发生变化，因此该模型速率表达式的推导较为复杂。

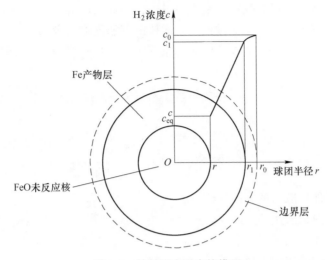

图 2-7　单界面未反应核模型

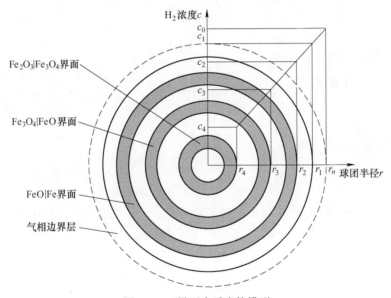

图 2-8　三界面未反应核模型

综上所述,单界面未反应核模型能较好地反映球团矿在气体还原过程中逐步由外向内层层推进的过程,应用较为广泛。在研究氧化球团的还原动力学过程中,主要采用单界面未反应核模型。

2.2.3　单界面未反应核模型

为了使该模型具有可应用性,简化求解过程,首先做出以下假设:矿石形状为标准球体，周围存在的气膜为层流边界层；还原反应为一级可逆，且反应前后球体的体积不发生变化；反应过程中，球体内部温度均匀分布。

还原由外扩散、内扩散以及界面还原反应三个步骤构成，各步骤的速率表达式如下：

$$v_1 = 4\pi r_1^2 k_1 (c_0 - c_1) \tag{2-25}$$

$$v_2 = \frac{4\pi r_1 r}{r_1 - r} k_2 (c_1 - c) \tag{2-26}$$

$$v_3 = \frac{4\pi r^2 (1 + K)}{K} k_3 (c - c_{eq}) \tag{2-27}$$

式中　v_1——外扩散速率，mol/s；

v_2——内扩散速率，mol/s；

v_3——界面化学反应速率，mol/s；

r_1——球团初始半径，m；

r——球团未反应核半径，m；

k_1——传质系数，m/s；

k_2——扩散系数，m^2/s；

k_3——正反应速率常数，m/s；

K——平衡常数。

当反应稳定进行时，三个步骤反应速率相等，即 $v = v_1 = v_2 = v_3$，将上述三式相加，整理可得：

$$v = -\frac{dn}{dt} = \frac{4\pi r_1^2 (c_0 - c_{eq})}{\dfrac{1}{k_1} + \dfrac{1}{k_2} \times \dfrac{r_1(r_1 - r)}{r} + \dfrac{K}{k_3(1 + K)} \dfrac{r_1^2}{r^2}} \tag{2-28}$$

上式反应速率表达式用未反应核半径 r 表示，在减重实验过程中该参数不易直接测定，可用还原率 f 表示，r 与 f 的关系可表示为：

$$r = r_1 (1 - f)^{1/3} \tag{2-29}$$

$$-\frac{dn(O)}{dt} = -\frac{d}{dt}\left(\frac{4}{3}\pi r^3 \rho_0\right) = -4\pi r^2 \rho_0 \frac{dr}{dt} = \frac{4}{3}\pi r_1^3 \rho_0 \frac{df}{dt} \tag{2-30}$$

将上式代入式(2-28)，得到：

$$\frac{df}{dt} = \frac{3}{\dfrac{1}{k_1} + \dfrac{r_1}{k_2}\left[(1-f)^{-\frac{1}{3}} - 1\right] + \dfrac{K}{k_3(1+K)}(1-f)^{-\frac{2}{3}}} \cdot \frac{c_0 - c_{eq}}{r_1 \rho_0} \tag{2-31}$$

式中　ρ_0——球体中氧的密度，mol/m^3。

等式右边分子项表示还原反应推动力，分母项表示还原反应过程的阻力，其中第一项表示还原气在气相边界层扩散的传质阻力，中间项表示还原气在产物层向内部扩散的阻力，最后一项表示还原气在未反应核界面发生化学反应的阻力。当其中某一阻力项较大时，该步骤控制反应速率，成为控速环节。随着反应进展、还原条件的变化，控速环节逐步改变。

对上式 t 在 $0 \sim t$，f 在 $0 \sim f$ 界限内积分，可得：

$$\frac{f}{3k_1} + \frac{r_1}{6k_2}[1 - 3(1-f)^{\frac{2}{3}} + 2(1-f)] + \frac{K}{k_3(1+K)}[1 - (1-f)^{\frac{1}{3}}] = \frac{c_0 - c_{eq}}{r_1\rho_0}t$$

$$(2-32)$$

当还原气外扩散为反应控速环节时，还原率 f 与还原时间 t 的关系为：

$$f = 3k_1\frac{c_0 - c_{eq}}{r_1\rho_0}t \tag{2-33}$$

当内扩散为控速环节时，f 与 t 的关系如下：

$$1 - 3(1-f)^{\frac{2}{3}} + 2(1-f) = \frac{6k_2}{r_1} \cdot \frac{c_0 - c_{eq}}{r_1\rho_0}t \tag{2-34}$$

当界面还原反应为控速环节时，f 与 t 的关系如下：

$$1 - (1-f)^{\frac{1}{3}} = \frac{(1+K)k_3}{K} \cdot \frac{c_0 - c_{eq}}{r_1\rho_0}t \tag{2-35}$$

当内扩散与界面还原反应混合控速时，f 与 t 的关系为：

$$t = \left\{\frac{r_1}{6k_2}[1 - 3(1-f)^{\frac{2}{3}} + 2(1-f)] + \frac{K}{k_3(1+K)}[1 - (1-f)^{\frac{1}{3}}]\right\} \cdot \frac{r_1\rho_0}{c_0 - c_{eq}}$$

$$(2-36)$$

将上式化简，得：

$$\frac{t}{1 - (1-f)^{\frac{1}{3}}} = \frac{r_1}{6k_2} \cdot \frac{r_1\rho_0}{c_0 - c_{eq}}[1 + (1-f)^{\frac{1}{3}} - 2(1-f)^{\frac{2}{3}}] + \frac{K}{k_3(1+K)} \cdot \frac{r_1\rho_0}{c_0 - c_{eq}}$$

$$(2-37)$$

根据失重实验所得参数，分别用 f，$1 - 3(1-f)^{\frac{2}{3}} + 2(1-f)$ 以及 $1 - (1-f)^{\frac{1}{3}}$ 对还原时间 t 作图，呈线性关系的表达式所对应的环节为反应控速环节，相应的根据斜率可求出反应速率常数；当以上三个式子与 t 的关系均为非线性时，考虑混合控速，则以 $\dfrac{t}{1 - (1-f)^{\frac{1}{3}}}$ 对 $1 + (1-f)^{\frac{1}{3}} - 2(1-f)^{\frac{2}{3}}$ 作图，为线性关系时，根据斜率和截距可分别求出扩散系数和反应速率常数。

3 气基直接还原物料平衡及能量利用分析

  本章以气基竖炉直接还原过程为研究对象，根据质量/能量守恒定律，建立物料平衡/热平衡计算模型，分析物质流和能量流的变化，探讨还原气中 H_2/CO、N_2 配比、CH_4 配比、还原气温度以及物料热装温度等因素对还原气综合利用率以及能量消耗的影响，为开发低能耗气基竖炉直接还原技术提供理论依据，为后续研究提供指导。

3.1 直接还原竖炉物料平衡热平衡计算模型

  为研究气基竖炉直接还原过程的物质流和能量流变化，建立物料平衡热平衡计算模型，计算步骤如图 3-1 所示。

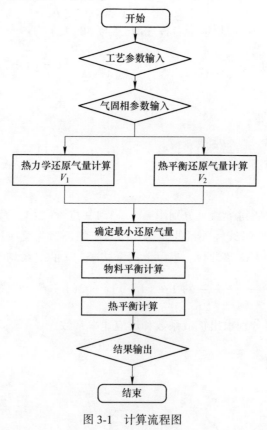

图 3-1 计算流程图

首先需要输入生产工艺原始参数,主要包括:反应物(还原气和铁矿石)的温度、成分,生成物(海绵铁)的温度、金属化率以及炉顶煤气的温度;其次,分别根据热力学及热平衡,计算在一定的炉顶煤气温度条件下,满足生产所需还原气量,进行对比,取较大值作为生产所需基本还原气量,并分析关键影响因素。在此基础上,进行物料及热量收入与支出计算,并输出计算结果。

与 CO 还原反应不同,H₂ 还原反应为吸热效应。从热力学角度,升高还原温度有利于促进氢气利用率的提升从而有效降低还原气量。然而从热平衡的角度出发,氢气还原反应所需热量更大,在还原气温度及组成一定的条件下,需要通入过量的还原气体以保证热量供给,但这种方法会导致炉顶盈余还原气量增加,煤气综合利用率显著降低,反之如果未通入过量的还原气则会导致竖炉内还原反应所需热量不足,这一矛盾成为众多冶金学者关注的焦点。

为解决该问题,本章节提出两种思路:一是在还原气中配入一定比例的惰性气体 N₂ 或 CH₄,保证所需还原气的同时,增加热量;二是采用物料热装的方式,提高进口物料的温度,增加原料物理热即增加热源,从而打破仅依靠还原气供热的传统方法,进一步降低所需还原气量。

3.1.1 工艺参数

研究对象包括 MIDREX 竖炉、HYL 竖炉、氢气竖炉以及热装竖炉。选取的生产工艺参数参考 Gilmore 厂数据,见表 3-1。设定物料进出口温度、还原气进出口温度、DRI 金属化率以及热损失为常数。为研究各工艺参数的影响,增加不同气、固相进口温度的计算,其中还原气进口温度分别为:800℃、850℃、900℃、950℃、1000℃;物料温度分别为常温 25℃,以及热装时的温度:100℃、200℃、300℃、400℃、500℃、600℃。

表 3-1　生产工艺参数

工 艺 条 件	参　　数	备　　注
还原气入口温度	900℃	800~1000℃
还原气出口温度	350℃	
物料入口温度	25℃	热装:100~600℃
物料出口温度	850℃	
DRI 金属化率	92%	91%~96%
MFe	88%	
热损失	15%	

计算过程中,当热力学反应所需还原气量大于热平衡所需气量时,过量还原气带来的热量以升高还原气出口温度来表示;而当热平衡所需还原气量较大时,

表现为出口处还原性气体所占比例较高。

采用的铁矿石成分见表 3-2，其中全铁含量 TFe 为 66.97%，FeO 含量较低，为 0.13%，原料中铁氧化物主要以 Fe_2O_3 形式存在，经换算 Fe_2O_3 含量为 95.527%。生产中会采用不同品位及 FeO 含量的铁矿石，因此进一步分析了 TFe 以及 FeO 含量对物料平衡的影响，其中 TFe 含量为 65%~69%；FeO 含量从 0 增加到 20%。

表 3-2　铁矿石成分　　　　　（质量分数，%）

组成	TFe	FeO	CaO	MgO	SiO_2	H_2O	其他
含量	66.97	0.13	1.24	0.14	1.69	1.00	0.27

计算所采用的还原气成分见表 3-3。一共 15 组，其中 1 号还原气采用 Gilmore 厂 MIDREX 还原竖炉还原气组成；2~5 号为不同 H_2/CO 比例的还原气，以研究 H_2/CO 对物料平衡、热平衡的影响；6 号为纯 CO 还原，7 号还原气为纯 H_2；8~10 号还原气中分别采用 10%、20%、30% 的 N_2 替代 H_2，分析 N_2 配比的影响；11~15 号五组还原气是在纯氢气中分别配入 10%、15%、20%、25% 以及 30% 的 CH_4。

表 3-3　还原气成分　　　　　（体积分数，%）

编号	H_2	CO	H_2O	CO_2	CH_4	N_2	备注
1	52.58	29.97	4.65	4.8	8	0	MIDREX
2	76.67	15.33	1	3	0	4	$H_2/CO=5$
3	69	23	1	3	0	4	$H_2/CO=3$
4	55.2	36.8	1	3	0	4	$H_2/CO=1.5$
5	46	46	1	3	0	4	$H_2/CO=1$
6	0	100	0	0	0	0	纯 CO
7	100	0	0	0	0	0	纯 H_2
8	90	0	0	0	0	10	
9	80	0	0	0	0	20	N_2：10%~30%
10	70	0	0	0	0	30	
11	90	0	0	0	10	0	
12	85	0	0	0	15	0	
13	80	0	0	0	20	0	CH_4：10%~30%
14	75	0	0	0	25	0	
15	70	0	0	0	30	0	

3.1.2 还原气需求量计算

还原气在竖炉还原过程中的作用一是还原剂，二是作为热载体。根据第 2.2 节反应热力学研究可知，竖炉底部通入的高温还原气，自下而上逐级还原炉内物料，使得铁矿石的还原经历 $Fe_2O_3 \rightarrow Fe_3O_4 \rightarrow FeO \rightarrow Fe$ 三个阶段，发生在第三阶段的 $FeO \rightarrow Fe$ 的还原最难进行，对气体中有效还原气的含量要求最高，该阶段视为关键步骤，当还原气满足此阶段还原，使反应达到平衡时，其他反应处于还原气过剩状态，因此第三阶段即从 $FeO \rightarrow Fe$ 的还原从热力学角度决定了还原所需气量。从热载体角度分析，入口处还原气所提供的热能需满足整个竖炉生产热平衡。决定热能的关键因素包括还原气组成、温度以及还原气量。还原温度通常限定在一定范围内，不能过高。在还原气温度及组成一定的条件下，为了保证足够的热量，往往需要在入口处通入过量的还原气体，而这样会导致炉顶盈余还原气量增加，煤气综合利用率显著降低。

从热力学角度，还原出 1t DRI 所需还原气量 V_1 可按下式计算：

$$V_1 = \left(\frac{MFe}{56} \times 22.4 \times 10^3 \right) / (\eta_3 \times \phi) \tag{3-1}$$

式中　　V_1——还原出 1t DRI 所需气量，Nm^3；

　　　　MFe——DRI 中金属铁含量；

　　　　η_3——第三阶段还原气利用率；

　　　　ϕ——还原性气体占总气量的比例。

从热载体角度分析，竖炉内的热收入包括还原气及固体原料的显热，热支出包括反应吸热、炉顶气体带走热量、DRI 带走热量、物料中水分蒸发热以及热损失。根据热平衡，可得到以下表达式：

$$Q_{g,i} + Q_{s,i} = Q_r + Q_{g,o} + Q_{s,o} + Q_{vapour} + Q_{loss} \tag{3-2}$$

式中　　$Q_{g,i}$——还原气带入的显热，J；

　　　　$Q_{s,i}$——固体物料带入的显热，J；

　　　　Q_r——还原反应热，J；

　　　　$Q_{g,o}$——炉顶气体带走的显热，J；

　　　　$Q_{s,o}$——热 DRI 带走的显热，J；

　　　　Q_{vapour}——物料中水分蒸发热，J；

　　　　Q_{loss}——炉内热损失，通常取总热量的 15%，J。

满足热平衡的还原气需求量为 V_2，则将相应物理参数代入式(3-2)可得表达式如下：

$$\left[\sum x_i C_i \times \frac{V_2}{22.4 \times 10^{-3}} \times (T_{gas,\ in} - 298) + \sum y_j C_j \times \frac{w_{ore}}{M_j} \times (T_{ore,\ in} - 298) \right] \times (1 - x_{loss})$$

$$= Q_r + Q_{vapour} + Q_{DRI} + \sum X_i C_i \times \frac{V_{gas,\ out}}{22.4 \times 10^{-3}} \times (T_{gas,\ out} - 298) \tag{3-3}$$

$$Q_r = \frac{w_{o1}}{16} \left[r_{H_2} \Delta_r H_{(Fe_2O_3 \xrightarrow{H_2} FeO)} + r_{CO} \Delta_r H_{(Fe_2O_3 \xrightarrow{CO} FeO)} \right] +$$

$$\frac{w_{o2}}{16} \left[r_{H_2} \Delta_r H_{(FeO \xrightarrow{H_2} Fe)} + r_{CO} \Delta_r H_{(FeO \xrightarrow{CO} Fe)} \right] \tag{3-4}$$

$$Q_{vapour} = \frac{44225 w_{ore} X_{H_2O}}{18} \tag{3-5}$$

$$Q_{DRI} = \sum Y_j C_j \times \frac{w_{DRI}}{M_j} \times (T_{DRI} - 298) \tag{3-6}$$

联立式(3-3)~式(3-6)，可求解出满足热平衡的还原气需求量 V_2，见式 (3-7)：

$$V_2 = \frac{22.4 \left[Q_r + Q_{vapour} + Q_{s,\ o} - Q_{s,\ i} (1 - x_{loss}) + n_{H_2O,\ vapour} \sum X_i C_i (T_{gas,\ out} - 298) \right]}{1000 \sum x_i C_i (T_{gas,\ in} - 298)(1 - x_{loss}) - 1000 \sum X_i C_i (T_{gas,\ out} - 298)}$$

$$\tag{3-7}$$

式中　x_i——入口还原气中各组分的体积分数；

$\quad\quad y_j$——铁矿石中各组分的质量分数；

$\quad\quad X_i$——炉顶气体中各组分的体积分数；

$\quad\quad Y_j$——DRI 中各组分的质量分数；

$\quad\quad C_i$——气相各组分的摩尔定压热容，J/(mol·K)；

$\quad\quad C_j$——固相中各组分的摩尔定压热容，J/(mol·K)；

$\quad\quad V_2$——入口还原气体积，m³（标态）；

$\quad V_{gas,\ out}$——出口还原气体积，m³（标态）；

$\quad\quad w_{ore}$——铁矿石质量，g；

$\quad\quad w_{DRI}$——DRI 质量，g；

$\quad\ T_{gas,\ in}$——入口还原气温度，K；

$\quad T_{gas,\ out}$——出口还原气温度，K；

$\quad\quad M_j$——固相中各组分摩尔质量，g/mol；

$\quad\quad T_{DRI}$——海绵铁温度，K。

其中，炉顶气中各组分的体积分数 X_i 与还原气量有关，计算如下：

$$X_{CO_2} = \frac{r_{CO} w_O / 16 + n_{gas,\ in} x_{CO_2}}{n_{gas,\ in} + n_{H_2O,\ vapour}} \tag{3-8}$$

$$X_{H_2O} = \frac{r_{H_2} w_O / 16 + n_{gas,\ in} x_{H_2O} + n_{H_2O,\ vapour}}{n_{gas,\ in} + n_{H_2O,\ vapour}} \tag{3-9}$$

$$X_{CO} = \frac{n_{gas,\,in}x_{CO} - r_{CO}w_O/16}{n_{gas,\,in} + n_{H_2O,\,vapour}} \qquad (3-10)$$

$$X_{H_2} = \frac{n_{gas,\,in}x_{H_2} - r_{H_2}w_O/16}{n_{gas,\,in} + n_{H_2O,\,vapour}} \qquad (3-11)$$

$$X_{CH_4} = \frac{n_{gas,\,in}x_{CH_4}}{n_{gas,\,in} + n_{H_2O,\,vapour}} \qquad (3-12)$$

$$X_{N_2} = \frac{n_{gas,\,in}x_{N_2}}{n_{gas,\,in} + n_{H_2O,\,vapour}} \qquad (3-13)$$

式中　　w_O——总失氧质量，g；

　　　　r_{CO}——CO 和 H_2 中 CO 所占比例；

　　　　r_{H_2}——CO 和 H_2 中 H_2 所占比例；

　　$n_{gas,\,in}$——入口还原气总摩尔数，mol。

求解得到 V_2 后，比较 V_1 及 V_2 大小，取较大值为满足生产所需最小还原气量。在此基础上进行竖炉物料平衡及热平衡的核算。

3.1.3　物料平衡及热平衡计算

物料包括反应物和生成物，反应物由铁矿石和还原气构成，产物则包括 DRI 及产生的气体，其中 DRI 由还原得到的金属铁，未完全反应还残余的 FeO，以及未参与反应从原矿中保留下来的脉石组成。以还原得到 1000kg DRI 为例进行计算。

由于最终产品中含铁项仅包括金属 Fe 以及浮氏体 FeO，因此三步还原反应可按两步简化考虑，即：

$$1/2Fe_2O_3 + 1/2H_2(CO) =\!=\!=\!= FeO + 1/2H_2O\ (CO_2)$$
$$FeO + H_2(CO) =\!=\!=\!= Fe + H_2O\ (CO_2)$$

其中第一步反应完全进行，第二步反应部分进行，根据不同的金属化率，以及原矿的成分，可计算得到最终产品中金属铁和浮氏体 FeO 的含量，分别为：

$$w_{Fe} = w_{ore} \times TFe_{ore} \times MFe \qquad (3-14)$$

$$w_{FeO} = w_{ore} \times TFe_{ore} \times (1 - MFe)/56 \times 72 \qquad (3-15)$$

还原过程中失去的氧含量为两个反应失去的氧含量之和，即：

$$w_{O,\,loss} = w_{O,\,1} + w_{O,\,2} \qquad (3-16)$$

$$w_{O,\,1} = w_{ore} \times (TFe_{ore} - y_{FeO}/72 \times 56)/56 \times 8 \qquad (3-17)$$

$$w_{O,\,2} = w_{ore} \times (TFe_{ore} \times MFe)/56 \times 16 \qquad (3-18)$$

还原后脉石的质量不变，即：

$$w_{gangue} = w_{ore} \times (1 - w_{FeO,\,ore} - w_{Fe_2O_3} - w_{H_2O,\,vapour}) \qquad (3-19)$$

综合上述，有：

$$w_{DRI} = w_{Fe} + w_{FeO, ore} + w_{gangue} \tag{3-20}$$

联立以上各式，代入原料中 TFe、FeO 的质量分数，以及成品 DRI 的金属化率，可求得所需原矿用量 w_{ore}。然后，再将 w_{ore} 代入到式（3-14）、式（3-15）和式（3-20）中，分别求出产品 DRI 中 Fe，FeO 以及脉石的质量。

还原产生的气体即炉顶煤气，气量及成分参考 3.1.2 节计算得到的还原所需气量，根据还原反应方程式可知，每消耗掉 1mol 的 $H_2(CO)$，便能生成 1mol 的 $H_2O(CO_2)$，因此还原前后总气体摩尔数不发生变化，炉顶煤气量为入口还原气量以及物料中所含的水分蒸发后形成的水蒸气量之和。炉顶气中各组分的体积分数 X_i 则按式（3-8）~式（3-13）计算。

热平衡计算包括热收入和热支出两部分。热收入由气相显热和固相原料显热两部分构成。在传统竖炉生产过程中，固相物料以常温态加入，通常不考虑其对热收入的作用。本文计算过程中会考虑热态物料加入对热平衡的影响，各项热收入计算式如下：

$$Q_{gas, in} = n_{gas, in} \sum x_i C_i (T_{gas, in} - 298) \tag{3-21}$$

$$Q_{ore} = w_{ore} \sum y_i C_i (T_{gas, in} - 298) / M_i \tag{3-22}$$

热支出主要包括反应吸热、炉顶气体带走热量、DRI 带走热量、物料中水分蒸发热以及热损失，其中反应吸热、DRI 物料显热、水分蒸发热这三项在原料、DRI 成分及排出温度一定的条件下即可根据式（3-4）~式（3-6）计算得到。炉顶气带走热可根据 3.1.2 节计算得到还原气量以及炉顶气气量和组分后计算，热损失则按一定比例取值，计算式如下：

$$Q_{gas, out} = (n_{gas, in} + n_{H_2O, vapour}) \sum X_i C_i (T_{gas, out} - 298) \tag{3-23}$$

$$Q_{loss} = (Q_{gas, in} + Q_{ore}) x_{loss} \tag{3-24}$$

各物质在不同温度下，其摩尔定压热容会有所变化，与温度的关系可表示为：

$$C_{p, m} = a + b \times 10^{-3} T + c \times 10^5 T^{-2} \tag{3-25}$$

表 3-4 和表 3-5 所示分别为各气体、固体物质摩尔定压热容与温度关系表达式中的各项系数及适用的温度范围。

表 3-4　各气体摩尔定压热容与温度的关系回归系数

气体	a/J · mol^{-1} · K^{-1}	b/J · mol^{-1} · K^{-2}	c/J · mol^{-1} · K	K
H_2	27. 28	3. 264	0. 502	298~3000
H_2O	29. 999	10. 711	0. 335	298~2500
N_2	27. 865	4. 628	0	298~2500

气体	$a/\mathrm{J}\cdot\mathrm{mol}^{-1}\cdot\mathrm{K}^{-1}$	$b/\mathrm{J}\cdot\mathrm{mol}^{-1}\cdot\mathrm{K}^{-2}$	$c/\mathrm{J}\cdot\mathrm{mol}^{-1}\cdot\mathrm{K}$	K
CO	28.409	4.1	−0.46	298~2500
CO_2	44.141	9.037	−8.535	298~2500
CH_4	12.426	76.693	1.423	298~2000

表 3-5 各固体摩尔定压热容与温度的关系回归系数

固体	$a/\mathrm{J}\cdot\mathrm{mol}^{-1}\cdot\mathrm{K}^{-1}$	$b/\mathrm{J}\cdot\mathrm{mol}^{-1}\cdot\mathrm{K}^{-2}$	$c/\mathrm{J}\cdot\mathrm{mol}^{-1}\cdot\mathrm{K}$	K
Fe	28.175	−7.318	−2.895	298~800
	−263.454	255.81	619.232	800~1000
	−641.905	696.339	0	1000~1042
	1946.255	−1787.5	0	1042~1060
	−561.932	334.143	2912.114	1060~1184
	23.991	8.36	0	1184~1665
Fe_2O_3	98.292	77.822	−14.853	298~953
	150.624	0	0	953~1053
	132.675	7.364	0	1053~1730
FeO	50.794	8.619	−3.305	298~1650
CaO	49.622	4.519	−6.945	298~2888
MgO	48.953	3.138	−11.422	298~3098
SiO_2	43.89	38.786	−9.665	298~847
	58.911	10.042	0	847~1696
Al_2O_3	103.851	26.267	−29.091	298~800
	120.516	9.192	−48.367	800~2327

根据表 3-4、表 3-5 及式(3-25)，可求出各物质在不同温度下的摩尔定压热容，分别记录在表 3-6 和表 3-7 中。由表 3-6 可知，随着温度的升高，气体的摩尔定压热容逐渐增大，其中 CH_4 的摩尔定压热容高于其他气体。由表 3-7 可知，低温下 Fe_2O_3 的摩尔定压热容高于高温时的 Fe，意味着铁矿石原料与高温 DRI 相比，升高相同的温度所需吸收能量更大。

表 3-6 气体在不同温度下的摩尔定压热容 　　　　　(J/(mol·K))

温度	H_2	CO	H_2O	CO_2	CH_4	N_2
350℃	29.443	30.845	36.758	47.572	60.572	30.748
800℃	30.826	32.768	41.521	53.096	94.841	32.831
850℃	30.985	32.977	42.054	53.613	98.665	33.062

温度	H_2	CO	H_2O	CO_2	CH_4	N_2
900℃	31.145	33.185	42.587	54.121	102.490	33.294
950℃	31.305	33.393	43.121	54.623	106.317	33.525
1000℃	31.466	33.600	43.655	55.118	110.144	33.756

表 3-7   固体成分在不同温度下的摩尔定压热容   (J/(mol·K))

温度	Fe	Fe_2O_3	FeO	CaO	MgO	SiO_2	Al_2O_3
25℃	—	104.757	49.641	43.148	37.026	44.565	78.920
100℃	—	116.644	51.633	46.316	41.914	51.410	92.739
200℃	—	128.463	53.394	48.655	45.332	57.916	103.273
300℃	—	138.360	54.726	50.096	47.272	63.171	110.042
850℃	44.224	—	60.211	54.146	51.571	86.680	127.003

为求出不同温度下的反应热焓，可根据 Kirchhoff 方程推导，推导过程如下：

$$d\Delta H_T^\ominus = \Delta C_p dT \tag{3-26}$$

$$\Delta C_p = \sum n_i C_{pi,\,products} - \sum n_i C_{pi,\,reactants} \tag{3-27}$$

将式(3-25)代入到式(3-24)中，得：

$$d\Delta H_T^\ominus = \left[\sum n_i C_{pi,\,products} - \sum n_i C_{pi,\,reactants} \right] dT \tag{3-28}$$

对上式在 298K ~ T 之间积分，可得：

$$\Delta H_T^\ominus = \Delta H_{298}^\ominus + \int_{298}^{T} \left[\sum n_i C_{pi,\,products} - \sum n_i C_{pi,\,reactants} \right] dT \tag{3-29}$$

其中，各物质的焓变可由摩尔定压热容对温度积分求得，见式(3-30)：

$$H_T^\ominus = \int_{298}^{T} C_p dT = \int_{298}^{T} (a + b \times 10^{-3} T + c \times 10^5 T^{-2}) dT \tag{3-30}$$

反应热焓表达式为：

$$\Delta H_T^\ominus = \Delta H_{298}^\ominus + \sum n_i (H_T^\ominus - H_{298}^\ominus)_{products} - \sum n_i (H_T^\ominus - H_{298}^\ominus)_{reactants} \tag{3-31}$$

反应中所涉及的各物质的标准摩尔生成焓，见表 3-8。

表 3-8   物质的标准摩尔生成焓 $H_{298}^\ominus$ (J/mol)

组成	Fe_2O_3	FeO	H_2O	CO	CO_2	H_2	Fe
$H_{298}^\ominus$	-825503	-266520	-241825	-110525	-393511	0	0

不同温度下各物质的热焓，见表 3-9。随着温度的升高，各物质热焓略有增加。

表 3-9 不同温度下各物质热焓 $H_T^\ominus$ （J/mol）

反应	800℃	850℃	900℃	950℃	1000℃
Fe_2O_3	110711.91	117749.94	124806.39	131881.24	138974.50
FeO	43143.26	46142.43	49164.31	52208.77	55275.68
Fe	25126.38	27457.90	29594.63	31379.57	33100.78
H_2	22997.71	24542.99	26096.25	27657.51	29226.80
H_2O	29020.77	31110.15	33226.18	35368.89	37538.28
CO	24083.66	25727.29	27381.33	29045.77	30720.58
CO_2	36941.63	39609.40	42302.78	45021.40	47764.94

　　计算得到不同温度下各反应的热焓，见表 3-10。反应 A、B 为 H_2 还原，在研究的温度范围内反应热焓为正，均为吸热反应；反应 C、D 为 CO 还原，在研究的温度范围内反应热焓为负值，均为放热反应。

表 3-10 不同温度下各反应热焓 $\Delta H_T^\ominus$ （J/mol）

反应	800℃	850℃	900℃	950℃	1000℃
A	16117.83	15870.03	15645.08	15442.84	15263.17
B	12701.18	12577.63	12255.25	11577.17	10831.58
C	-1045.21	-1052.99	-1039.66	-1005.54	-950.89
D	-21624.90	-21268.42	-21114.24	-21319.58	-21596.54

注：反应 A：$1/2Fe_2O_3 + 1/2H_2 = FeO + 1/2H_2O$；反应 B：$FeO + H_2 = Fe + H_2O$；
反应 C：$1/2Fe_2O_3 + 1/2CO = FeO + 1/2CO_2$；反应 D：$FeO + CO = Fe + CO_2$。

　　各反应热焓随温度的变化，如图 3-2 所示。实际上 A 反应和 C 反应均为 $1/2Fe_2O_3 \rightarrow 1/3Fe_3O_4$ 以及 $1/3Fe_3O_4 \rightarrow FeO$ 两个还原反应之和，B、D 反应为 FeO →Fe 的还原。观察可知：H_2 还原时，A 反应的吸收热大于 B 反应，两个反应摩尔热焓均随着温度的升高有所降低，其中 A 反应从 16117.83J/mol 逐步降低至 15263.17J/mol，降低了 854.66J/mol，即 5.30%。B 反应摩尔热焓随着温度的升高降低较为明显，从 12701.18J/mol 降低至 10831.58J/mol，降低了 1869.60J/mol，即 14.72%。综上分析可知，随着温度的升高，有利于降低 H_2 还原反应热耗。CO 还原时，C 反应的放热值（反应摩尔热焓的绝对值）远小于 D 反应，C 反应放热值随着温度的升高从 1045.21J/mol 逐步降低至 950.89J/mol，降低了 94.32J/mol，即 9.02%。D 反应放热值随着温度的升高先降低后升高，首先由 21624.90J/mol 降低至 21114.24J/mol（900℃），降低了 2.36%，随后升高至 21596.54J/mol，变化幅度较小。

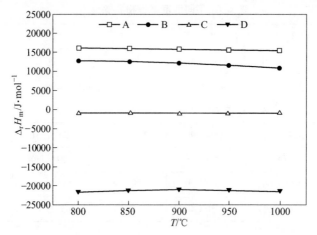

图 3-2　各反应热熔随温度的变化

A—$1/2Fe_2O_3+1/2H_2$═$FeO+1/2H_2O$；B—$FeO+H_2$═$Fe+H_2O$；

C—$1/2Fe_2O_3+1/2CO$═$FeO+1/2CO_2$；D—$FeO+CO$═$Fe+CO_2$

3.2　物料平衡及热平衡计算结果对比分析

3.2.1　计算结果与 MIDREX 生产数据对比

Gilmore 厂生产采用 MIDREX 工艺，还原气组成为本章节模拟计算的第一组气体。气体流量（标态）为 53863m³/h，产量为 26.4t/h，每吨产品消耗还原气量（标态）为 2040m³。在此条件下通过物料平衡计算，得到炉顶气体成分，与生产数据对比，见表 3-11。由对比结果可知，二者相差不大，误差较小，物料平衡计算结果与实际生产数据较为一致，证明计算方法可行。在此基础上，通过热平衡计算对能量流的情况进行分析。

表 3-11　炉顶气体成分计算结果与生产数据比较　　（体积分数,%）

项　　目	H_2	CO	H_2O	CO_2	CH_4+N_2
Gilmore 厂生产数据	37.0	18.9	21.2	14.3	8.6
模拟计算结果	35.68	20.33	21.91	14.14	7.93
误差	-1.32	+1.43	+0.71	-0.16	+0.67

3.2.2　H_2/CO 的影响

表 3-12 所示为固定温度 900℃、金属化率 92% 条件下，保持还原气中 H_2 与 CO 总含量不变（92%），调整 H_2/CO 比值分别为 1、1.5、3、5 时的物料平衡计

算结果，物料收入项共 2 项，分别是矿石和还原气，物料支出项主要包括海绵铁和炉顶气，其中海绵铁由 Fe、FeO 以及脉石构成，平衡计算中忽略了可能产生的粉尘，计算均以 1000kg DRI 的生成为标准。观察结果可知，随着 H_2/CO 比值的增加，还原气消耗量逐渐增加，从 811kg 增加到 1060kg，气体消耗占物料收入的百分比从 36.82% 增加到 43.22%，炉顶排出气体也逐渐增加，且增加量与还原气耗的增加量相同。矿石收入量与 DRI 产出量保持不变。物料总收入量因为还原气耗的增加而增加。

表 3-12　不同 H_2/CO 条件下的物料平衡表

项目		$H_2/CO = 1$		$H_2/CO = 1.5$		$H_2/CO = 3$		$H_2/CO = 5$	
		wt/kg	pct/%	wt/kg	pct/%	wt/kg	pct/%	wt/kg	pct/%
物料收入	Ore	1392	63.18	1392	61.14	1392	58.28	1392	56.78
	Gas	811	36.82	885	38.86	996	41.72	1060	43.22
	合计	2203	100.00	2277	100.00	2388	100.00	2452	100.00
物料支出	Fe	858	38.93	858	37.67	858	35.91	858	34.98
	FeO	96	4.35	96	4.21	96	4.01	96	3.91
	Gangue	47	2.11	47	2.04	47	1.95	47	1.90
	Gas	1202	54.61	1276	56.07	1387	58.13	1451	59.21
	合计	2203	100.00	2277	100.00	2388	100.00	2452	100.00

注：wt—质量，pct—百分比，Ore—球团，Gas—气体，Gangue—脉石。

表 3-13 所示为 900℃时，不同 H_2/CO 条件下炉顶气体成分以及还原气的综合利用率。其中利用率为还原反应产生的 H_2O 和 CO_2 与还原气中的 H_2 和 CO 的摩尔比。随着 H_2/CO 的增加，炉顶气中剩余的还原性气体 H_2 与 CO 体积分数之和逐渐增加，而 H_2O 与 CO_2 体积分数之和逐渐减小，还原气利用率显著减小，从 49.61% 逐渐减小到 29.55%。通过 3.1.3 节计算可知，除了 A 组还原气最小气量满足热力学平衡，其余几组均满足热平衡，且随着 H_2/CO 的增加，所需最小还原气量逐渐增大，因此过剩的还原性气体增加，从而导致利用率逐渐降低。

表 3-13　900℃时不同 H_2/CO 条件下的炉顶气体成分(体积分数)以及还原气利用率　（%）

编号	气耗（标态)/m^3	H_2	CO	H_2O	CO_2	CH_4	N_2	利用率
A	1159.4	0.00	45.67	2.46	47.93	0.00	3.94	49.61
B	1329.0	25.76	25.76	21.93	22.61	0.00	3.95	43.28
C	1449.3	32.90	21.93	23.82	17.40	0.00	3.95	39.69
D	1632.4	44.22	14.74	26.10	10.99	0.00	3.96	35.24

编号	气耗（标态）/m³	H_2	CO	H_2O	CO_2	CH_4	N_2	利用率
E	1735.9	50.76	10.15	27.13	8.00	0.00	3.96	33.14
F	1946.5	64.24	0.00	28.82	2.97	0.00	3.96	29.55

注：A—$H_2/CO=0$；B—$H_2/CO=1$；C—$H_2/CO=1.5$；D—$H_2/CO=3$；E—$H_2/CO=5$；F—$H_2/CO=\infty$。

表 3-14 为 900℃时，不同 H_2/CO 条件下计算得到的热平衡结果。热收入全部来源于气体带入的显热，随着 H_2/CO 的增加，总热量逐渐增加，从 1.71GJ 增加到 2.19GJ；热支出项中炉顶气以及产品带走的热量占比最大，反应热耗以及炉顶气带走的显热逐渐增加，物料水分蒸发热和海绵铁带走的热量保持不变，热损略有增加。

表 3-14　不同 H_2/CO 条件下的热平衡表

项目		$H_2/CO=1$		$H_2/CO=1.5$		$H_2/CO=3$		$H_2/CO=5$	
		val/kJ	pct/%	val/kJ	pct/%	val/kJ	pct/%	val/kJ	pct/%
热收入	$Q_{g,i}$	1711766	100.00	1856090	100.00	2072633	100.00	2193437	100.00
	$Q_{s,i}$	0	0	0	0	0	0	0	0
	合计	1711766	100.00	1856090	100.00	2072633	100.00	2193437	100.00
热支出	Q_r	53542	3.13	132375	7.13	250625	12.09	316348	14.42
	Q_{vapour}	34198	2.00	34198	1.84	34198	1.65	34198	1.56
	$Q_{g,o}$	694604	40.58	738350	39.78	804294	38.81	841264	38.35
	$Q_{s,o}$	672661	39.30	672661	36.24	672661	32.45	672661	30.67
	Q_{loss}	256761	15.00	278506	15.00	310855	15.00	328966	15.00
	合计	1711766	100.00	1856090	100.00	2072633	100.00	2193437	100.00

注：$Q_{g,i}$—还原气显热；$Q_{s,i}$—固体物料显热；Q_r—还原反应热；$Q_{g,o}$—炉顶气显热；$Q_{s,o}$—热 DRI 带走的显热；Q_{vapour}—物料中水分蒸发热；Q_{loss}—炉内热损失。

3.2.3　N_2 含量的影响

表 3-15 所示为温度 900℃，金属化率 92% 条件下，纯 H_2 当中分别配入 10%、20%、30% 的 N_2 时的物料平衡计算结果。随着 N_2 含量的增加，还原气质量逐渐减少，从 1227kg 减少到 1196kg，炉顶气质量随之减少。矿石收入量与 DRI 产出量保持不变。

表 3-15 不同 N_2 条件下的物料平衡表

项目		$x_{N_2}=0\%$		$x_{N_2}=10\%$		$x_{N_2}=20\%$		$x_{N_2}=30\%$	
		wt/kg	pct/%	wt/kg	pct/%	wt/kg	pct/%	wt/kg	pct/%
物料收入	Ore	1392	53.14	1392	53.37	1392	53.58	1392	53.79
	Gas	1227	46.86	1216	46.63	1206	46.42	1196	46.21
	合计	2619	100.00	2608	100.00	2598	100.00	2588	100.00
物料支出	Fe	858	32.74	858	32.88	858	33.01	858	33.14
	FeO	96	3.66	96	3.68	96	3.69	96	3.71
	Gangue	46	1.78	46	1.78	46	1.79	46	1.80
	Gas	1619	61.82	1608	61.66	1598	61.51	1588	61.36
	合计	2619	100.00	2608	100.00	2598	100.00	2588	100.00

注：wt—质量；pct—百分比；Ore—球团；Gas—气体；Gangue—脉石。

表 3-16 为 900℃时，不同 N_2 条件下炉顶气体成分以及还原气的综合利用率。随着 N_2 含量的增加，炉顶气中 H_2 含量明显减少，H_2O 含量略微增大，还原气利用率显著增大。由于纯氢气还原条件下为满足热平衡，需要通入过量的还原气，而 N_2 的增加有效降低了气体中还原成分，从而提高还原气利用率。

表 3-16 900℃时不同 N_2 含量下的炉顶气体成分(体积分数)以及还原气利用率（%）

编号	气耗（标态)/m³	H_2	CO	H_2O	CO_2	CH_4	N_2	利用率
A	2011.0	73.06	0.00	26.94	0.00	0.00	0.00	26.31
B	1992.8	62.90	0.00	27.19	0.00	0.00	9.91	29.51
C	1975.9	52.76	0.00	27.42	0.00	0.00	19.83	33.48
D	1959.3	42.61	0.00	27.65	0.00	0.00	29.74	38.58

注：N_2 含量为 A—0%（纯 H_2）；B—10%；C—20%；D—30%。

表 3-17 为 900℃时，不同 N_2 含量的 H_2-N_2 还原热平衡结果。随着 N_2 含量的增加，总热量逐渐减少，从 2.45GJ 减小到 2.43GJ；热支出项中炉顶气带走的显热及热损略有减少，其余项保持不变。与含有 CO 气体的还原相比，总能量消耗较大。

3.2.4 CH_4 含量的影响

表 3-18 所示为温度 900℃、金属化率 92.5%条件下，纯 H_2 当中分别配入

表 3-17 不同 N_2 条件下的热平衡表

项目		$x_{N_2} = 0\%$		$x_{N_2} = 10\%$		$x_{N_2} = 20\%$		$x_{N_2} = 30\%$	
		val/kJ	pct/%	val/kJ	pct/%	val/kJ	pct/%	val/kJ	pct/%
热收入	$Q_{g,i}$	2446598	100.00	2441180	100.00	2437061	100.00	2433030	100.00
	$Q_{s,i}$	0	0	0	0	0	0	0	0
	合计	2446598	100.00	2441180	100.00	2437061	100.00	2433030	100.00
热支出	Q_r	447709	18.30	447709	18.34	447709	18.37	447709	18.40
	Q_{vapour}	34198	1.40	34198	1.40	34198	1.40	34198	1.41
	$Q_{g,o}$	924472	37.79	920471	37.71	916963	37.63	913519	37.55
	$Q_{s,o}$	672661	27.49	672661	27.55	672661	27.60	672661	27.65
	Q_{loss}	367558	15.02	366141	15.00	365530	15.00	364943	15.00
	合计	2446598	100.00	2441180	100.00	2437061	100.00	2433030	100.00

注：$Q_{g,i}$ —还原气显热；$Q_{s,i}$ —固体物料显热；Q_r —还原反应热；$Q_{g,o}$ —炉顶气显热；$Q_{s,o}$ —热 DRI 带走的显热；Q_{vapour} —物料中水分蒸发热；Q_{loss} —炉内热损失。

10%、20%、30% CH_4 时的物料平衡计算结果。当 CH_4 含量从 0% 增加到 20% 时，还原气消耗量显著减少，从 1227kg 减少到 630kg，减少了 597kg（48.66%），当 CH_4 含量进一步增加到 30% 时，还原气消耗量不再减少，而是增大至 787kg。相应的排出的炉顶气质量首先降低，从 1619kg 降低到 1022kg，随后再升高至 1179kg。矿石收入量与 DRI 产出量保持不变。通过 3.1.3 节计算可知：当 CH_4 含量由 0 增加至 23% 时，还原气耗由热平衡决定，CH_4 作为热容较大的气体，是较好的热载体，因此能使得还原气耗显著降低；当 CH_4 含量为 23% 时，热力学气耗与热平衡气耗相等；当 CH_4 含量进一步增加，即大于 23% 时，气耗由反应热力学决定，此时 CH_4 作为惰性气体考虑，它的增加反而会导致有效还原气体的减少，从而增加气耗。

表 3-19 为 900℃ 时不同 CH_4 条件下炉顶气体成分以及还原气的综合利用率。当 CH_4 含量从 0 增加到 23% 时，还原气耗显著降低，炉顶气中 H_2 含量明显减少，H_2O 含量显著增大，还原气利用率从 26.31% 显著增大至 58.63%；当 CH_4 含量增大至 23% 时利用率达到最大值 58.63%；当 CH_4 含量进一步增加即大于 23% 时，由于还原气中的有效成分过少，导致还原气耗又开始增加，炉顶气中的 H_2 和 H_2O 含量开始减少，而利用率保持为 58.63%。

表 3-18 不同 CH₄ 条件下的物料平衡表

项目		$x_{CH_4}=0\%$		$x_{CH_4}=10\%$		$x_{CH_4}=20\%$		$x_{CH_4}=30\%$	
		wt/kg	pct/%	wt/kg	pct/%	wt/kg	pct/%	wt/kg	pct/%
物料收入	Ore	1392	53.14	1392	59.89	1392	68.84	1392	63.88
	Gas	1227	46.86	932	40.11	630	31.16	787	36.12
	合计	2619	100.00	2324	100.00	2022	100.00	2179	100.00
物料支出	Fe	858	32.74	858	36.90	858	42.42	858	39.36
	FeO	96	3.66	96	4.13	96	4.74	96	4.40
	Gangue	46	1.78	46	2.00	46	2.30	46	2.14
	Gas	1619	61.82	1324	56.98	1022	50.54	1179	54.11
	合计	2619	100.00	2324	100.00	2022	100.00	2179	100.00

注：wt—质量；pct—百分比；Ore—球团；Gas—气体；Gangue—脉石。

表 3-19 900℃时不同 CH₄ 含量下的炉顶气体成分(体积分数)以及还原气利用率 （%）

编号	气耗（标态）/m³	H_2	CO	H_2O	CO_2	CH_4	N_2	利用率
A	2011.0	73.06	0.00	26.94	0.00	0.00	0.00	26.31
B	1527.5	54.74	0.00	35.38	0.00	9.89	0.00	38.49
C	1363.8	45.62	0.00	39.57	0.00	14.81	0.00	45.65
D	1231.8	36.53	0.00	43.75	0.00	19.72	0.00	53.70
E	1168.5	31.45	0.00	46.09	0.00	22.47	0.00	58.63
F	1203.4	30.59	0.00	44.77	0.00	24.65	0.00	58.63
G	1289.4	28.57	0.00	41.82	0.00	29.60	0.00	58.63

注：CH₄ 含量为 A—0%（纯 H₂）；B—10%；C—15%；D—20%；E—23%；F—25%；G—30%。

表 3-20 为 900℃时，不同 CH₄ 含量的 H₂-CH₄ 还原热平衡结果。随着 CH₄ 含量增加至 20%，总热量从 2.45GJ 减小到 2.12GJ；当 CH₄ 含量进一步增加至 30%，总热量显著增大，从 2.12GJ 增加到 2.65GJ；热支出项中炉顶气带走的显热及热损与热收入变化规律一致，首先减少然后增加，其余项保持不变。与含有 N₂ 的还原相比，CH₄ 含量对热平衡的影响较为显著。

表 3-20 不同 CH_4 条件下的热平衡表

项 目		$x_{CH_4} = 0\%$		$x_{CH_4} = 10\%$		$x_{CH_4} = 20\%$		$x_{CH_4} = 30\%$	
		val/kJ	pct/%	val/kJ	pct/%	val/kJ	pct/%	val/kJ	pct/%
热收入	$Q_{g,i}$	2446598	100.00	2284070	100.00	2118370	100.00	2646730	100.00
	$Q_{s,i}$	0	0	0	0	0	0	0	0
	合计	2446598	100.00	2284070	100.00	2118370	100.00	2646730	100.00
热支出	Q_r	447709	18.30	447709	19.60	447709	21.13	447709	16.92
	Q_{vapour}	34198	1.40	34198	1.50	34198	1.61	34198	1.29
	$Q_{g,o}$	924472	37.79	786919	34.45	646092	30.50	1095153	41.38
	$Q_{s,o}$	672661	27.49	672661	29.45	672661	31.75	672661	25.41
	Q_{loss}	367558	15.02	342583	15.00	317710	15.00	397010	15.00
	合计	2446598	100.00	2284070	100.00	2118370	100.00	2646730	100.00

注: $Q_{g,i}$ —还原气显热; $Q_{s,i}$ —固体物料显热; Q_r —还原反应热; $Q_{g,o}$ —炉顶气显热; $Q_{s,o}$ —热 DRI 带走的显热; Q_{vapour} —物料中水分蒸发热; Q_{loss} —炉内热损失。

3.2.5 还原气温度的影响

表 3-21 所示为不同还原气温度条件下, 金属化率为 92.5% 时, 纯 H_2 还原物料平衡计算结果。随着温度的逐渐升高, 从 800℃ 增大至 1000℃, 还原气质量显著减少, 从 1574kg 减少到 988kg, 减少了 586kg（37.22%）。炉顶气质量相应减少。纯氢气还原时, 最小还原气量由热平衡来确定, 单位还原气的显热增加, 还原气体消耗减少。铁矿石和 DRI 的质量未发生变化。

表 3-22 为不同还原气温度、金属化率条件下还原气的综合利用率。随着温度的升高, 还原气耗显著降低, 利用率逐渐增大, 金属化率为 92%, 温度从 800℃ 增加到 1000℃ 时, 还原气利用率从 20.55% 增加到 32.72%。当金属化率提升 0.5%, 即从 92% 增加到 92.5% 时, 还原气消耗量略有增加, 利用率变化很小, 几乎可忽略。

表 3-21 还原气温度不同条件下的物料平衡表

项 目		800℃		850℃		900℃		1000℃	
		wt/kg	pct/%	wt/kg	pct/%	wt/kg	pct/%	wt/kg	pct/%
物料收入	Ore	1394	46.96	1394	50.19	1394	53.15	1394	58.51
	Gas	1574	53.04	1383	49.81	1229	46.85	988	41.49
	合计	2968	100.00	2777	100.00	2623	100.00	2382	100.00

项 目		800℃		850℃		900℃		1000℃	
		wt/kg	pct/%	wt/kg	pct/%	wt/kg	pct/%	wt/kg	pct/%
物料支出	Fe	863	29.09	863	31.09	863	32.92	863	36.24
	FeO	90	3.03	90	3.24	90	3.43	90	3.78
	Gangue	47	1.57	47	1.68	47	1.78	47	1.96
	Gas	1968	66.31	1777	63.99	1623	61.87	1382	58.02
	合计	2968	100.00	2777	100.00	2623	100.00	2382	100.00

注：wt—质量；pct—百分比；Ore—球团；Gas—气体；Gangue—脉石。

表 3-22 气体温度不同条件下的还原气利用率 （%）

$T_{g,i}$/℃	800	850	900	950	1000	备注
V(标态)/m³	2575.6	2263.4	2011.0	1795.9	1617.1	MFe=92%
利用率	20.55	23.48	26.31	29.47	32.72	
V(标态)/m³	2579.5	2266.6	2012.9	1798.4	1619.3	MFe=92.5%
利用率	20.61	23.46	26.42	29.57	32.84	

表 3-23 为不同还原气温度条件下，金属化率为 92.5% 时，纯 H_2 还原热平衡计算结果。随着还原气温度的增加，总热量从 2751089kJ 减小到 2217819kJ，减小了 533270kJ(19.27%)。热支出项中还原反应吸热随着温度的升高而降低，从 464070kJ 减小到 421021kJ，减少了 43049kJ(8.70%)；炉顶气带走的显热减小更显著，从 1167611kJ 减小到 757429kJ，减少了 410182kJ(35.04%)。热损随着总热耗的减少略有降低，其余项保持不变。

表 3-23 气体不同温度条件下的热平衡表

项目		800℃		850℃		900℃		1000℃	
		val/kJ	pct/%	val/kJ	pct/%	val/kJ	pct/%	val/kJ	pct/%
热收入	$Q_{g,i}$	2751089	100.00	2586641	100.00	2448910	100.00	2217819	100.00
	$Q_{s,i}$	0	0	0	0	0	0	0	0
	合计	2751089	100.00	2586641	100.00	2448910	100.00	2217819	100.00
热支出	Q_r	464070	16.87	458041	17.71	449327	18.35	421021	18.98
	Q_{vapour}	34244	1.24	34244	1.32	34244	1.40	34244	1.54
	$Q_{g,o}$	1167611	42.44	1033945	39.97	925569	37.80	757429	34.15

续表 3-23

项目		800℃		850℃		900℃		1000℃	
		val/kJ	pct/%	val/kJ	pct/%	val/kJ	pct/%	val/kJ	pct/%
热支出	$Q_{s,o}$	672459	24.44	672459	26.00	672459	27.46	672459	30.32
	Q_{loss}	412705	15.00	387952	15.00	367311	15.00	332666	15.00
	合计	2751089	100.00	2586641	100.00	2448910	100.00	2217819	100.00

注：$Q_{g,i}$—还原气显热；$Q_{s,i}$—固体物料显热；Q_r—还原反应热；$Q_{g,o}$—炉顶气显热；$Q_{s,o}$—热 DRI 带走的显热；Q_{vapour}—物料中水分蒸发热；Q_{loss}—炉内热损失。

3.2.6　物料温度的影响

表 3-24 所示为纯 H_2 还原（900℃）、金属化率 92%条件下，物料入炉温度分别为 25℃、200℃、400℃、600℃时物料平衡计算结果。随着物料入炉温度的提高，还原气消耗量显著减少，从 1227kg 减少到 551kg，减少了 676kg（55.09%）。相应的排出的炉顶气质量也大幅降低，从 1619kg 降低到 942kg。矿石消耗量与 DRI 产出量保持不变。

表 3-24　不同物料温度条件下的物料平衡表

项　目		25℃		200℃		400℃		600℃	
		wt/kg	pct/%	wt/kg	pct/%	wt/kg	pct/%	wt/kg	pct/%
物料收入	Ore	1392	53.14	1392	56.85	1392	63.25	1392	71.64
	Gas	1227	46.86	1056	43.15	809	36.75	551	28.36
	合计	2619	100.00	2448	100.00	2201	100.00	1943	100.00
物料支出	Fe	858	32.74	858	35.03	858	38.97	858	44.14
	FeO	96	3.66	96	3.92	96	4.36	96	4.94
	Gangue	46	1.78	47	1.90	47	2.11	47	2.40
	Gas	1619	61.82	1447	59.15	1200	54.56	942	48.53
	合计	2619	100.00	2448	100.00	2201	100.00	1943	100.00

注：wt—质量；pct—百分比；Ore—球团；Gas—气体；Gangue—脉石。

表 3-25 为不同炉料温度条件下还原气的消耗量及综合利用率。随着炉料温度的升高，还原气耗显著降低，利用率逐渐增大，从 26.31%显著增大至 58.63%。实际上，当炉料温度进一步升高（>575℃），此时还原气消耗量受热力学控制，将保持为 902.6m³（标态），不会进一步减小。

表 3-25　不同炉料温度对纯 H_2 还原气体利用率的影响

$T_{s,i}$	25℃	100℃	200℃	300℃	400℃	500℃	600℃
V（标态）/m³	2011.0	1901.0	1730.7	1538.0	1325.2	1093.0	902.6
利用率/%	26.31	27.84	30.58	34.41	39.93	48.42	58.63

　　表 3-26 为不同炉料温度条件下，H_2 还原热平衡结果。随着温度升高，总热量从 2446598kJ 减小到 1932055kJ，减小了 514543kJ（21.22%）；热收入项中，物料温度为常温时，炉料显热为 0，随着温度升高至 600℃，炉料显热增加至 833945kJ，占热收入的 43.16%。热支出项中炉顶气带走的显热逐渐减少，从 924472kJ 减小到 487679kJ，热损从 367558kJ 减小到 289808kJ。

表 3-26　不同炉料温度条件下的热平衡表

项　目		25℃		200℃		400℃		600℃	
		val/kJ	pct/%	val/kJ	pct/%	val/kJ	pct/%	val/kJ	pct/%
热收入	$Q_{g,i}$	2446598	100.00	2105583	91.35	1612248	76.73	1098110	56.84
	$Q_{s,i}$	0	0	199477	8.65	489012	23.27	833945	43.16
	合计	2446598	100.00	2305060	100.00	2101260	100.00	1932055	100.00
热支出	Q_r	447709	18.30	447709	19.42	447709	21.31	447709	23.17
	Q_{vapour}	34198	1.40	34198	1.48	34198	1.63	34198	1.77
	$Q_{g,o}$	924472	37.79	804732	34.91	631509	30.05	487679	25.24
	$Q_{s,o}$	672661	27.49	672661	29.18	672661	32.01	672661	34.82
	Q_{loss}	367558	15.02	345760	15.00	315183	15.00	289808	15.00
	合计	2446598	100.00	2305060	100.00	2101260	100.00	1932055	100.00

　　注：$Q_{g,i}$—还原气显热；$Q_{s,i}$—固体物料显热；Q_r—还原反应热；$Q_{g,o}$—炉顶气显热；$Q_{s,o}$—热 DRI 带走的显热；Q_{vapour}—物料中水分蒸发热；Q_{loss}—炉内热损失。

3.3　还原气利用率及最低能耗对比

　　图 3-3 所示为不同还原气组成条件下还原气利用率的变化情况，主要包括 H_2/CO、N_2 含量以及 CH_4 含量三个因素的影响，还原气温度均为 900℃，物料温度为常温 25℃。其中 CH_4 含量对其影响最为显著，当 CH_4 含量从 0 增加到 30% 时，利用率从 26.31% 增加到 58.63%，其中 CH_4 含量在 20% 以内时，直线斜率较大，利用率增加较快；当大于 20% 后，斜率减小，增长放缓。含 N_2 的还原气利用率从 26.31% 增加到 38.58%。H_2/CO 比值从 1 增加到 5 时（H_2 含量从 46% 增加到 76.67%），还原气利用率从 43.28% 降低到 33.14%。分析可知，利用率随着 H_2/CO 的升高而减少，随着 N_2 以及 CH_4 含量的升高而增大。

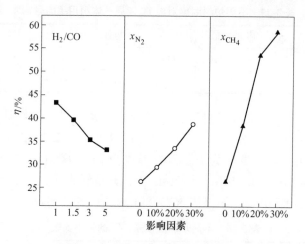

图 3-3   还原气组成对其利用率的影响

图 3-4 所示为不同还原气温度以及铁矿石温度条件下还原气利用率的变化情况。利用率随两种温度的升高均增大，其中变化率随铁矿石温度的升高逐渐变大，随还原气温度的升高保持恒定。还原气温度的升高受到物料还原性能的限制不能过高，否则易造成物料黏结，因此本次研究范围为 800～1000℃。在该范围内，纯 H_2 还原利用率用从 20.55% 增加到 32.72%。当物料温度从常温 25℃ 增加到 300℃ 时，还原气温度为 900℃ 的条件下，还原气利用率从 26.31% 增加到 34.41%；当物料温度进一步上升至 600℃ 时，还原气利用率升高至最大值 58.63%。说明提高还原气温度以及铁矿石热装温度均能有效降低最小还原气量。

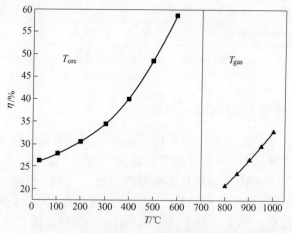

图 3-4   还原气以及铁矿石温度对还原气利用率的影响

图 3-5 所示为不同还原气组成条件下最小能耗的变化情况。整体来看 H_2/CO 较低时的能耗由于用 CO 还原自身放热，能耗较低。随着 H_2/CO 的升高能耗逐渐

增大，从 1.71GJ 增加至 2.19GJ。随着 N_2 含量的升高能耗略微减小，从 2.45GJ 减小至 2.43GJ，减小幅度很小，几乎可忽略不计。随着 CH_4 含量的升高，能耗首先显著降低，随后大幅升高，即从 2.45GJ（$x_{CH_4} = 0$）减小至 2.12GJ（$x_{CH_4} = 20\%$）后，再增加至 2.65GJ（$x_{CH_4} = 30\%$）。能耗降低主要是由于 CH_4 载热能力强，从满足热平衡的角度有效减少了还原气耗，从而降低能耗；而当 CH_4 含量超过一定值后，热力学决定最小还原气量，此时 CH_4 的增加使得有效还原气成分减少，还原气量增大，并且将相同摩尔数的 CH_4 加热到一定温度比其他气体成分需要更多的热量，导致热耗显著增加。

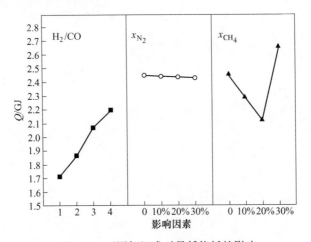

图 3-5　还原气组成对最低能耗的影响

图 3-6 所示为不同还原气温度（T_{gas}）以及铁矿石温度（T_{ore}）条件下能耗的变化情况。当还原气温度从 800℃ 增加到 1000℃ 时，能耗从 2.75GJ 减小至 2.22GJ，

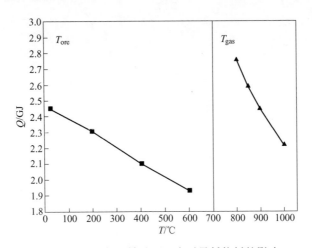

图 3-6　还原气及铁矿石温度对最低能耗的影响

还原气温度每增加 100℃，能耗降低约 0.23~0.3GJ（9.39%~10.91%）。在还原气温度为 900℃ 的条件下，当物料温度从常温 25℃ 增加到 600℃ 时，能耗从 2.45GJ 减小至 1.93GJ，物料温度每增加 100℃，能耗降低约 0.1GJ。分析可知，能耗随两种温度的升高均减小，且受还原气温度影响的能耗变化曲线的斜率较大。

4 气基竖炉直接还原实验研究

还原性和还原膨胀性是球团矿的重要冶金性能。还原性的难易程度决定着冶炼时间的长短，而还原膨胀性的好坏则对竖炉生产有重要的影响。从 20 世纪 60 年代人们对球团矿的还原膨胀行为开始关注以来，冶金界已经把球团矿的还原膨胀性能作为重要的冶金性能指标进行检测。从还原反应动力学来讲，高温有利于还原反应的发生，但会受到熔融温度的限制，高温下 H_2 还原铁矿石的能力高于 CO，但 H_2 的还原是吸热反应，会降低炉内温度，阻碍反应进行。相反由于 CO 对铁矿石的还原是放热反应，虽然 CO 还原性能不如 H_2，但派生的温度场效应能够促进反应的进行。不仅铁矿石的还原性受到还原温度以及还原气氛的影响，而且其还原膨胀性能也受到这些因素的影响。因此，研究不同还原温度条件和还原气氛条件下球团的冶金性能来指导气基竖炉直接还原的生产以及气基竖炉直接还原设备的研发显得非常重要。

4.1 球团矿还原膨胀标准检测方法

球团矿还原膨胀冶金性能有标准的检验方法，主要有国际标准化组织试行方法（ISO 4698）、日本工业标准方法（JIS M8715-2000）和中国国家标准方法（GB/T 13240—1991）。

国际标准化组织试行方法（ISO 4698）：每次实验采用 18 个球团，分三层放入反应管，球团采用粒度为 10~12.5mm，重量为 60±1g。实验反应管为双臂反应管，内径 75mm，高 800mm。将反应管吊挂在天平上，下部放入高温炉内，球团在 110℃ 温度下干燥后放入反应管。通还原气前需要先通入氮气升温至 900±10℃，恒温 15min，然后通入 15±1L/min 的还原气 60min 连续记录失重。反应结束，采用 5L/min 的惰性气体进行冷却至室温。还原气成分为 CO 30%±0.5%、N_2 70%±0.5%，最后使用水银体积计测定试样在还原前后的体积，来测量球团反应前后的体积膨胀率。

日本工业标准方法（JIS M8715-2000）：每次实验采用 3 个粒径大于 5mm 的球团作为反应试样，放入长 70mm、宽 20mm、深 5mm 的石英舟内，并将石英舟放入内径 30mm、长 300mm 的石英管内，石英管置于卧式电弧炉中进行加热。还原气成分为 CO 30%、N_2 70%（$H_2 <1\%$），流量为 500mL/min。将反应试样在惰性气体下加热至 900℃，保温 30min 后通入成分为 CO 30%、N_2 70%（$H_2 <1\%$）

的还原气体60min，最后在惰性气体氛围中冷却到室温。用排汞法测出每个球在还原前后的体积，然后计算出膨胀率。

中国国家标准方法（GB/T 13240—1991）采用国际标准化组织试行的方法。

可见，标准的实验检测方法还原温度和还原气氛单一，由于气基直接还原时具有升温过程和多种还原气，所以标准的实验检测方法对气基直接还原的指导具有局限性。为了能够如实的模拟气基竖炉直接还原过程中球团矿的膨胀行为，在以下方面开展研究。

4.2　还原膨胀实验方法

针对不同目的，国内外学者做过大量的关于铁矿石还原膨胀的实验研究。王兆才、储满生等人研究了还原气氛和脉石成分对球团矿还原性能的影响。试验结果表明，还原气氛中H_2含量的增加不仅能够加快反应速率，还能够降低还原膨胀率；适当添加CaO、SiO_2、MgO等脉石成分能够改善球团的冶金性能，降低球团的还原膨胀率；国外一些学者研究了还原速率对还原膨胀的影响，认为还原气浓度、流速以及还原温度等还原条件通过影响还原速率来影响球团矿的还原膨胀，并得到了还原膨胀关于还原速率的线性公式：

$$S_R = 57.25 \frac{\mathrm{d}R}{\mathrm{d}t} \tag{4-1}$$

此外，他们还研究了烧结条件和脉石成分对还原膨胀的影响，结果表明提高烧结温度和增长烧结时间均能够降低铁矿石的还原膨胀率，而且脉石成分的存在也能降低其还原膨胀率。Mikko ILJANA 和 Olli MATTILA 等人通过实验研究了球团矿在模拟的高炉还原条件下和恒温实验条件下的还原膨胀情况。两种条件下的实验结果相差很大，在模拟的高炉还原条件下，球团矿最大的还原膨胀率约为17%；而在恒温900℃，还原气成分保持不变的条件下，最大的还原膨胀率约为51%。因此，他们建议铁矿石的还原膨胀行为实验研究应该在模拟的高炉或竖炉还原条件下进行，不应在恒定的温度或恒定还原气氛下进行。

本实验结合前人的研究成果，首先在国际标准化组织试行方法（ISO 4698）的条件下对球团矿进行还原，研究了此还原条件下的球团矿的还原性和膨胀性；其次模拟气基竖炉直接还原气氛下对球团矿进行还原，研究了竖炉内球团的实时还原膨胀行为和还原过程；最后在升温条件和不同还原气氛下对球团进行还原，研究还原条件对其实时还原膨胀行为的影响，弥补了前人研究中的不足。具体方法和设备完全自主设计，与标准的检测方法以及前人的实验方法相比有以下优点：

（1）在模拟条件下进行实验，还原条件接近真实竖炉。标准的检测球团矿还原膨胀冶金性能的方法在恒定条件下进行反应，包括恒定温度、恒定还原气成分。而本实验是在模拟气基竖炉直接还原氛围中进行，其升温制度和还原气成分变化机制基于数值模拟的结果，其中升温制度、还原气氛条件数据来源于第二章、第三章数值计算结果；实验还原时间与物料下行速度有关，该数据基于第四章计算结果，使得实验结果更符合真实的还原情况。

（2）实时记录和测定球团在反应过程中的还原膨胀率。标准的检测方法只检测还原前后球团矿体积的变化，不能记录还原过程中体积的变化过程。而本实验通过摄影记录球团矿的整个反应过程，通过测定照片中球团体积的变化，可以得到反应中任意时刻的还原膨胀率，能够展示真实竖炉中球团矿还原膨胀过程。

（3）实验中将还原气升温，并非加热矿石。实际气基竖炉直接还原生产过程中，利用高温还原气与常温球团矿形成逆向两相流来进行物料的升温，标准的检测方法是将球团矿进行加热，通入常温的还原气，而本实验则更加接近真实情况，将还原气加热到所需温度，利用高温还原气对球团矿进行升温还原。

4.2.1 实验原料

实验用球团矿为粒度均匀（直径范围：10~12mm）的龙汇球团。进行化学成分检验，得到其化学成分，见表4-1。

表4-1 球团矿化学成分表

矿石成分	含量/%	矿石成分	含量/%
TFe	62.75	MgO	0.77
SiO_2	5.75	H_2O	0.2
FeO	2.36	TMn	0.094
Al_2O_3	1.26	P	0.031
CaO	0.85	S	0.005

4.2.2 实验设备

实验设备根据气基竖炉直接还原工艺完全自主设计，反应系统主要由以下部分组成，即还原气供气系统、管路、反应管、天平测重系统、电炉加热系统以及计算机控制系统，实验原理如图4-1所示。

还原气供气系统包括 H_2、CO、CO_2 和 N_2 气罐各一个，气罐容积为40L，公称压力为12MPa，气体纯度均为99.99%以上。各气罐出口处装有型号为YQQ-LLJ减压阀流量计，使出口的压力恒定为0.15MPa，通过调节流量阀可控制其流量范围在0~25L/min。电炉温控系统可让电炉按照设定的升温制度加热，使不锈

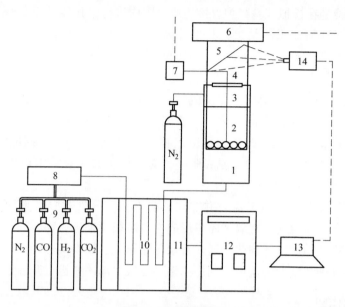

图 4-1 实验原理图

1—反应器；2—WRNK-131 型热电偶（测温范围 0~1100℃）；3—氮气密封腔；4—石英窗口；5—反光镜；
6—JM-A6002 电子天平（量程 1500g/精度 0.01g）；7—温度显示仪；8—气体混合室；9—减压阀流量计
（输入压力：15MPa/输出压力：0.15MPa/公称流量：25L/min）；10—不锈钢盘管；11—电炉；
12—电炉温度控制系统；13—计算机控制系统；14—相机

钢盘管中的还原气按照一定的制度升温，从而达到使球团在可控的温度下还原的目的。自行设计的还原反应管是一个上部带有氮气密封腔，且顶部开有石英窗口的圆形反应器，内径为 100mm，高度为 500mm。石英窗口由厚度为 6mm，直径为 60mm 的圆形石英板充当，借助外光源能够清楚的观察反应腔内部，相机透过石英板能清楚拍摄到还原过程中的球团矿外形。精度为 0.01g 的 JM-A6002 电子天平通过镍丝连接吊篮，每 30s 记录一次吊篮的重量，实时测定球团矿的失重情况。型号为 WRNK-131 热电偶的感温部分实时测定球团矿周围还原气的温度，并通过温度显示仪实时显示温度，其量程为 1100℃ 且反应灵敏。

4.2.3 实验条件

实验过程中，为了研究不同气氛对还原反应的影响等，一共采用 5 种还原气氛，见表 4-2，其中模拟的 BL 法条件下的还原气氛如图 4-2 所示。

表 4-2 实验过程中采用的还原气氛

编　号	还原气氛	对应条件
1	30%CO+70%N$_2$	ISO/IP4698

编　号	还原气氛	对应条件
2	动态模拟气氛	BL 法
3	$50\%H_2+50\%N_2$	—
4	$25\%H_2+25\%CO+50\%N_2$	Midrex 法
5	$50\%CO+50\%N_2$	—

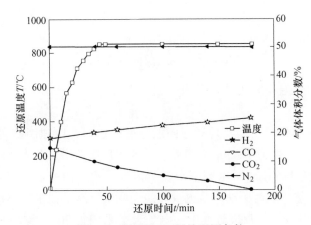

图 4-2　模拟的 BL 竖炉还原条件

气基竖炉直接还原的反应温度需在球团矿的熔融温度以下。现有的气基竖炉直接还原工艺的还原温度一般在 850~950℃，具体取决于球团矿的黏结性及生产稳定性。为了研究温度条件对冶金性能的影响，实验中采取 4 种温度条件，见表 4-3。其中，模拟 BL 条件的温度条件和升温条件分别如图 4-2 和图 4-3 所示。

表 4-3　实验中采用的温度条件

编　号	还原温度	对应条件
1	900℃	ISO/IP4698
2	动态模拟温度（30~850℃）	BL
3	850℃	Midrex
4	升温条件	—

4.2.4　实验方法及步骤

本实验根据还原条件不同共分为 4 组，分别为动态模拟还原实验、ISO 4698

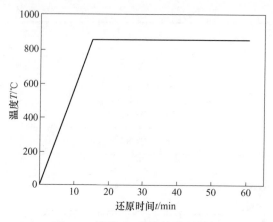

图 4-3　模拟 BL 条件的升温制度

标准检测实验、恒温还原实验以及升温还原实验。4 组实验的实验方法及步骤如下：

（1）动态模拟还原实验实现对球团散料层的还原，取球团矿料 500±5g，放入直径为 50mm、高度为 100mm 的料篮中，置于反应器中。首先，将其在流量为 10L/min、温度为 110℃的 N_2 氛围中干燥至恒重，然后使电炉按照图 4-3 所示的升温条件进行加热，同时手动调节流量计使还原气氛满足预定的模拟条件，气体总流量控制在 20L/min。反应过程中，电子天平系统每 30s 记录一次失重，相机每 2min 拍摄一次反应过程中球团的外观。待电子天平读数几乎无变化后，电炉停止加热，关闭 H_2 和 CO 流量阀，继续通 N_2，使球团冷却到 100℃以下后取出，实验结束。

（2）ISO 4698 相对自由膨胀指数测定实验中，取球团 12 颗，将球团放入反应管内的吊篮，先在流量为 10L/min，温度为 110℃的氮气氛围中干燥至恒重。继续通入氮气，同时电炉升温到 900±10℃，在恒温下通入预定成分的还原气体 60min，气体流量为 15L/min，每隔 30s 连续记录还原过程的失重，每 2min 拍摄一次反应过程中球团的外观。反应结束，关闭 CO 气阀，继续通 N_2，使球团冷却到 100℃以下后取出，实验结束。

（3）恒温还原实验中，取球团矿 10~15 颗放入吊篮，并将吊篮至于反应管中，使其在 N_2 环境中加热到 850℃并恒温至恒重，然后改通预定成分的还原气 15L/min，连续称重和拍照使试样的平均还原度达到 95% 以上。还原气成分按照 H_2 和 CO 分压不同分为 3 组，即：100%H_2、50%H_2+50%CO 以及 100%CO。

（4）为了防止球团试样瞬间暴露在高温强还原气氛中，进行升温还原实验。将球团试样在预定成分的还原气氛中进行升温还原，确保还原气流量为 15L/min，保证 15min 还原气温度均匀升至 850℃，连续称重，使试样的还原度达到

95%以上，升温过程如图4-3所示。还原气成分按照H_2和CO分压不同分为3组，即：$100\%H_2$、$50\%H_2+50\%CO$以及$100\%CO$。

4.2.4.1 还原度的计算

还原度是衡量还原反应进行程度的指标。还原度根据电子天平的读数来进行计算，反应前后的失重即是球团矿在反应过程中的失氧量。可由式(4-2)计算：

$$R = \frac{\omega}{q} \times 100\% \tag{4-2}$$

式中　R——还原度；

　　　ω——球团矿失氧量；

　　　q——球团矿中与铁结合的氧量。

一般来说，球团矿中与铁结合的氧包括三部分，即Fe_2O_3、Fe_3O_4和FeO。

4.2.4.2 还原膨胀率的测定

实验过程中拍摄的记录图片如图4-4所示。为了避免温降对实验结果的影响，测量结果所用照片皆为球团矿在炉内时拍摄。参考尺为镍丝网格，经计算镍丝在此温度下因受球团矿重力影响变形很小，可忽略不计。在后续的计算中考虑参考网格因温度变化而产生的变形量，变形量根据材料膨胀-温度关系计算。利用测直径法测量反应过程中球团矿的体积变化。将实验中的图片经绘图软件处理，选取参考尺寸和形状规则的球团进行直径标记，利用投影仪放大，然后从预先标定的4个不同方向（任意相邻方向成45°）测量同一球团直径，取平均值计算球团体积。参考尺寸用来防止相机位置变动，造成拍摄距离不同而造成尺寸误差。应用式(4-3)求取还原膨胀率：

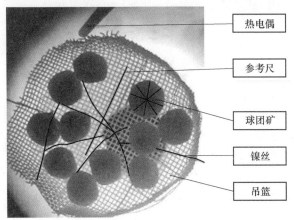

　　　　　　　　　　　热电偶

　　　　　　　　　　　参考尺

　　　　　　　　　　　球团矿

　　　　　　　　　　　镍丝

　　　　　　　　　　　吊篮

图4-4　还原过程中的球团矿

$$P_t = \frac{V_t - V_0}{V_0} \times 100\% \tag{4-3}$$

式中　　V_0——球团原始体积，mm^3；

　　　　V_t——不同还原时刻球团的体积，mm^3。

4.3　实验结果及讨论

4.3.1　动态模拟实验和 ISO 4698 标准实验检测结果

　　两种条件下球团矿的平均还原度和还原膨胀率随时间的变化关系曲线，如图 4-5 所示。动态模拟还原实验中，球团矿散料层经过 3h 左右的还原，平均还原度达到 95% 以上。还原初期，由于温度较低，还原速率慢，还原 30min，还原度仅为 10% 左右。此后，随着温度升高到 850℃，还原速率加快，还原度变化明显。ISO 4698 标准实验检测中，还原初期，由于高温球团矿瞬间暴露在强烈的还原气氛下，还原速率很快，还原度曲线斜率较大。还原 60min 后，球团平均还原度达到 42%。

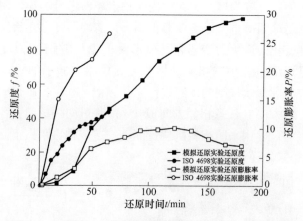

图 4-5　还原度、还原膨胀随还原时间的变化关系曲线

　　还原膨胀率随还原度变化关系曲线如图 4-6 所示。动态模拟还原实验中，膨胀率呈现先增大后减小的趋势。还原开始的低温阶段，膨胀率缓慢增大，还原 30min，膨胀率仅为 3%。随着还原速率的加快，膨胀率开始明显增大，还原 120min，还原度约为 70%，膨胀率达到最大，为 10.3%。此后，膨胀率开始变小，直到还原 180min，还原度达到 97%，膨胀率为 8.2%。

　　ISO 4698 条件下的 60min 还原过程中，随着还原反应的进行，球团还原膨胀率呈现出不断增大的趋势，60min 时球团膨胀率达到最大值为 26.7%。由于高温球团矿瞬间暴露在强烈的还原气氛下，还原速率很快，相应的膨胀曲线斜率也很

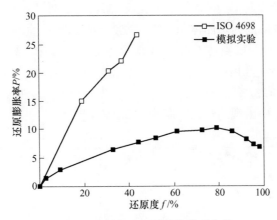

图 4-6 还原度—还原膨胀关系曲线

大，说明此时的膨胀剧烈。

可见，两种实验条件下，球团矿的还原膨胀行为均受到了还原速度的影响，且表现出还原速度越快，还原膨胀行为越明显的趋势。而且，两种条件下无论是球团的膨胀趋势还是最终的膨胀程度均有很大差别。由于还原条件相似，真实气基直接还原竖炉还原段内球团的还原膨胀行为更加接近模拟实验条件下的实验结果。

4.3.2 恒温升温条件下还原结果

恒温还原实验和升温还原实验中球团矿的平均还原度和还原膨胀率随时间的变化关系曲线如图 4-7 所示，还原膨胀率随还原度的变化关系如图 4-8 所示。

图 4-7a 是两种温度条件、三种不同还原气氛下，平均还原度随时间的变化关系曲线。恒温条件下，还原气通入后，由于球团瞬间暴露在强还原气氛下，还原速率很快，还原度变化率很大。其中，纯 H_2 气氛下还原球团矿的速率最快，还原 30min 还原度即可达到 98% 以上；CO 还原速率最慢，还原 50min 还原度仅为 60%；H_2 与 CO 比例为 1：1 时，还原 38min，还原度也可达到 98% 以上。

升温还原时，低温区还原度变化很小，随着温度升高，还原速度加快，还原度变化率逐渐增大。升温条件下的还原实验同样呈现了随着氢气含量比例增大，球团的还原速度越快的趋势。且相同还原气氛下，要达到一定还原度，恒温还原实验需要更短的时间。

图 4-7b 是两种温度条件、三种不同还原气氛下，还原膨胀率随还原时间的变化情况。图 4-8 所示为还原膨胀率随还原度变化曲线。如图 4-8 所示，恒温条件下，除了纯 H_2 气氛下的球团无明显膨胀，其余两种还原气氛下的球团均表现

出迅速膨胀的性能。其中纯 CO 气氛下，反应 20min，球团体积迅速增大到 20%，且还原过程中的 50min 内球团体积一直在变大，膨胀率一直在增大，最大的膨胀率在还原 50min，还原度到达 60% 时获得，为 26%；H_2 和 CO 为 1：1 时，反应 10min，体积膨胀率达到 10%，且膨胀率先增大后减小，最大还原膨胀率在还原 25min，还原度为 72.7% 时获得，为 13.2%；纯 H_2 还原气氛中，球团仅有很小的膨胀量，还原过程中出现的最大膨胀率为 3.1%。

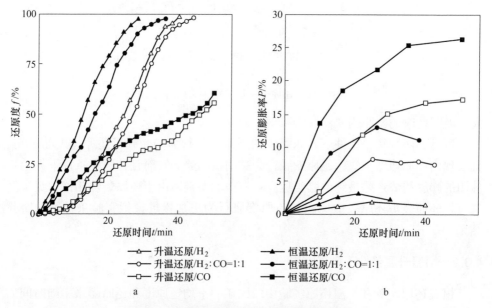

图 4-7 还原度和还原膨胀随时间变化曲线

a—还原度随时间变化曲线；b—还原膨胀率随时间变化曲线

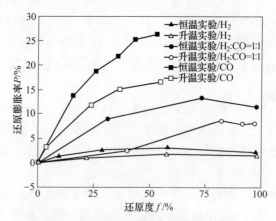

图 4-8 还原膨胀率随还原度变化曲线

升温还原条件下，球团在还原的开始阶段没有剧烈的膨胀，而是当温度升高到一定程度，还原反应变得剧烈时膨胀率开始快速增大，当膨胀率达到一定值时，体积开始收缩。纯 CO 气氛下，反应前 10min，球团体积膨胀率缓慢增大，然后膨胀行为变得明显，还原过程的 50min 内，膨胀率达到 17.2%；H_2 和 CO 为 1:1 时，反应开始 10min，球团膨胀缓慢，随着温度的升高，反应加快，膨胀率也快速增大，还原到 25min 时，球团膨胀率达到最大值 8.3%，然后体积开始收缩，还原度达到 96.5% 时，膨胀率逐渐下降到 7.3%；纯 H_2 气氛下，球团无明显膨胀。

4.3.3　还原过程显微形貌变化

将尚未还原的氧化球团制成的试样在金相显微镜下观察，其微观形貌如图 4-9 所示。观察可知含铁物相主要为赤铁矿（Fe_2O_3），呈板状，相较于赤铁矿颜色较深的物相为硅酸盐，黑色部分为孔洞，观察球团边缘及内部可发现孔隙分布较为均匀。

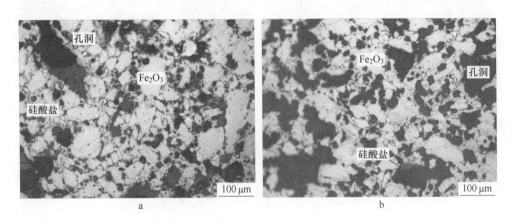

图 4-9　相组织，反光×200

a—球团边部；b—球团内部

升温还原条件下金相组织分别如图 4-10 所示，金属 Fe 的反光性好，视场里较亮，浮氏体 FeO 稍暗，硅酸盐等脉石颜色较深，黑色为孔洞。观察可知，边部主要为 Fe，呈板块状，另外含有少量的 FeO 以及硅酸盐。内部含铁相主要为灰色浮氏体 FeO，金属 Fe 相呈点状分布在浮氏体周围。中心处 Fe 相进一步减少，零星分布。未反应核界面处，可以明显观察到从外向内颜色变暗，Fe 相逐渐减少，由块状转变为颗粒状，心部未发现 Fe 相，均由浮氏体组成。

恒温条件下球团还原后组织形貌如图 4-11 所示。观察可知高温 1000℃ 还原条件下，试样边部和内部差别不大，含铁相主要为块状金属 Fe，还原度较高，且含有较多的孔洞。

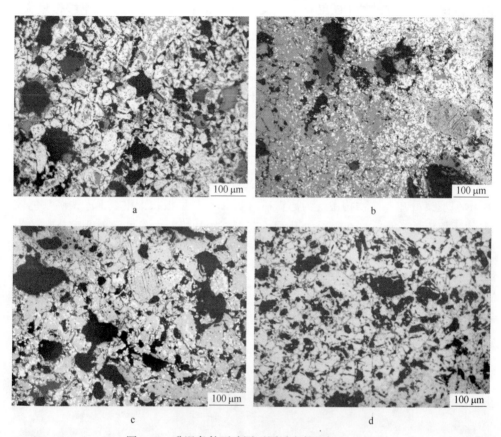

图 4-10　升温条件下球团还原后金相组织，×200
a—边部；b—未反应核界面；c—内部；d—心部

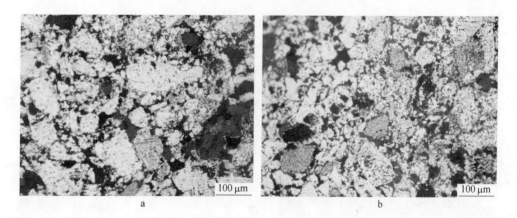

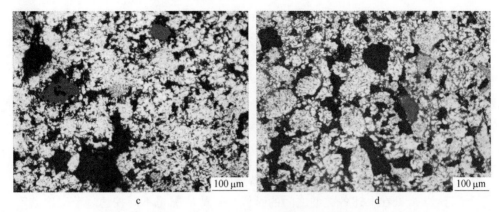

图 4-11 1000℃、75%H_2-25%N_2条件下球团还原后组织，×200

a，b—边部；c—内部；d—心部

4.3.4 动力学分析

4.3.4.1 动态模拟实验的控速环节分析

由于动态模拟实验是对球团矿散料层的还原，不能用单颗粒的还原反应模型来分析其动力学机理。目前为止，冶金界对于单个颗粒的还原模型进行了大量的研究，但对散料层的还原研究甚少。有学者提出了利用反应率的概念来分析铁矿石散料层还原，利用反应率来对散料层的还原的控速环节进行分析。反应率是相对于还原度提出的一种衡量还原反应激烈程度的概念，即一段反应时间内的失氧量与铁矿石中的剩余氧量的比值，可用式(4-4)表示。

$$F = \frac{-\,\mathrm{d}W_t/\mathrm{d}t}{O_{st}} \tag{4-4}$$

结合还原度f，上式可变为：

$$F = \frac{-\,\mathrm{d}W_t/\mathrm{d}t}{O_0(1-f)} \tag{4-5}$$

为了求(t_2-t_1)时间内的平均反应率，将式(4-5)进行积分：

$$\int_{t_1}^{t_2} F\mathrm{d}t = \int_{W_1}^{W_2} \frac{-\,\mathrm{d}W}{O_s} = \int_{W_1}^{W_2} \frac{-\,\mathrm{d}W}{O_0 - W_0 + W} \tag{4-6}$$

$$\overline{F} = \frac{1}{t_1 - t_2}\ln\frac{1-f_1}{1-f_2} \tag{4-7}$$

式中 W_t——时间为t的还原时刻散料层的重量；

O_{st}——时间为t还原时刻铁矿石中的剩余氧量；

O_0——球团矿的总含氧量。

反应率与还原反应的控速环节的关系有以下几点：

（1）用 F_0 表示初始时刻的反应率，由于初始时刻不存在内扩散阻力，所以可以用其来衡量界面化学反应的速度。F_0 受到料层性质和还原条件的影响，在还原条件一定时，料层越疏松，反应面积越大，F_0 越大，反应越激烈；相反则反应越平缓。

（2）如 F_0 大，且 F 随着还原反应的进行而变小，说明化学反应阻力小，而随着时间递减是由于内扩散阻力增大。根据 F 的递减程度可知道内扩散阻力的大小。

（3）在 F_0 很大的时候，同时 F 的变化规律是随着时间而先下降后上升，此时的还原过程的控制环节是外扩散环节。

（4）当 F_0 比较小并且在短时间内达到一定值维持不变的时候，界面化学反应阻力比较大，此时界面化学反应控制着还原反应。

（5）当 F_0 处在上述各类型之间的时候，一种情况是不同控速环节对应着不同时间，另一种情况是还原反应受制于混合控制环节。

动态还原实验反应率与还原时间的关系曲线如图 4-12 所示。

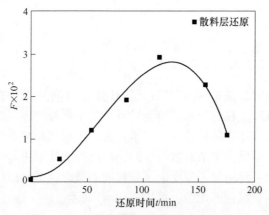

图 4-12　反应率随还原时间的变化关系

从图 4-12 可知，动态还原实验中，F_0 刚开始很小，随着还原的进行，F 增大到一定程度。这符合第（4）条所述的关系，说明反应前部分受界面化学反应的控制。这是因为反应初期，实验温度低，未达到铁矿石化学反应所需的热力学条件，所以化学反应进行缓慢，反应过程受界面化学反应控制。随着实验温度的升高，化学反应速率逐渐加快，反应逐渐变得激烈，化学反应阻力和内扩散阻力都很小，所以 F 呈现升高的趋势。反应进行到一定程度，F 呈现出逐渐减小的趋势。这是因为单个颗粒的未反应核变小，还原气很难渗透到颗粒中心，铁矿石的内扩散阻力增大，反应逐渐变得缓慢。因此，F 在反应后期出现下降的趋势是因为内扩散阻力的增大，即反应后期还原反应受内扩散环节的控制。

4.3.4.2　恒温还原和升温还原的控速环节分析

目前，学者们对单个颗粒模型的反应动力学进行了大量研究，球团矿的"未反应核模型"被普遍应用。未反应核模型即还原气由外到内对球团矿还原，逐渐形成未反应的核，且未反应铁核随着反应的进行而变小，直到完全反应后消失。普遍认为单个颗粒的还原过程可分为5个步骤：（1）还原气从气流中向球团矿表面的扩散；（2）还原气从球团矿表面由外向内部扩散；（3）还原气与球团矿在未反应界面上进行反应；（4）生成气体从球团矿内部向外表面处扩散；（5）生成气体从表面向气流中扩散。此外，还原过程中还会发生固体反应物的扩散，如铁离子的扩散。前3个反应步骤中会产生对还原反应的阻力，不同的步骤产生不同大小的阻力，最大阻力的环节控制还原反应速率的大小，这就是所谓的控速环节。总的来说，反应产生的3种阻力为：外扩散阻力、内扩散阻力以及界面化学反应阻力。利用单界面未反应核模型对恒温还原实验和升温还原实验的控速环节进行分析。单一的控速环节会使 $1 - 3(1-f)^{\frac{2}{3}} + 2(1-f)$ 或 $1 - (1-f)^{\frac{1}{3}}$ 与还原时间呈线性关系。

利用实验数据作出 $1 - 3(1-f)^{\frac{2}{3}} + 2(1-f)$ 和 $1 - (1-f)^{\frac{1}{3}}$ 与还原时间的对应关系曲线，如图 4-13 和图 4-14 所示。

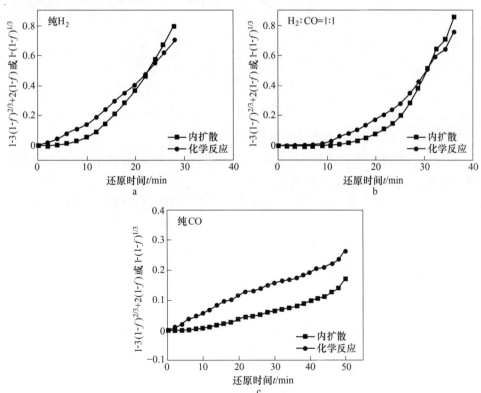

图 4-13　850℃恒温还原不同控制环节的曲线比较

a—纯 H_2；b—H_2：CO = 1：1；c—纯 CO

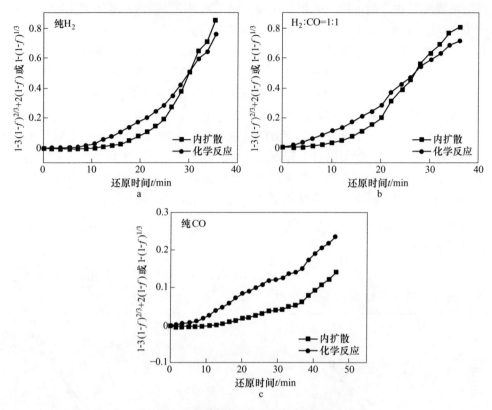

图 4-14　升温还原不同控制环节的曲线比较

a—纯 H_2；b—H_2 : CO=1 : 1；c—纯 CO

　　从图 4-13 恒温还原的不同控制还原曲线可以看出，只有纯 H_2 条件下化学反应控制曲线与反应时间呈近似线性关系，说明该条件下化学反应过程受化学反应控速环节控制。其余条件下均没有出现线性关系的趋势，说明反应过程并不是由单一的内扩散控制或者化学反应控制，而是由两者混合控制。通过比较图 4-14 升温还原的不同控制还原曲线，没有发现明显的线性关系，说明控速环节并非由单一环节构成，而是混合控速。

4.3.5　还原膨胀分析

　　由于球团矿在还原过程中发生晶格形态的变化，会导致矿石在还原过程中的体积变化，这属于正常的还原膨胀。而铁晶须的生长会导致球团的异常膨胀，即金属铁的析出形态决定着球团矿是否发生异常膨胀。据研究发现，还原膨胀不仅仅受到晶格形态变化的影响，还受到包括球团矿成分和还原气氛等很多因素的制约。总的来说，影响球团矿还原膨胀的因素分为球团矿自身因素和外部环境因素。自身因素主要有：

（1）球团矿的各向异性。赤铁矿晶粒以板状形态存在，由于各方向上的还原速度及膨胀率不同而发生开裂引起异常膨胀。赤铁矿与磁铁矿共生在同一晶体内，或粗粒磁铁矿与片状赤铁矿共生，晶体排列不规则，各向还原速度不一致，在界面上产生推力，使两个晶体开裂，引发异常膨胀。

（2）杂质成分。球团矿含有少量碱金属、氧化钙及氧化锌等，它们不均匀地固溶于 Fe_xO 中，在还原过程中易发生异常还原膨胀。高品位低 SiO_2 球团矿中，当碱度（CaO/SiO_2）在 $0.1\sim0.6$ 时，特别是在 $0.4\sim0.5$ 之间时，有最大的体膨胀率，因为在此碱度下，球团在还原过程中，钙铁橄榄石及铁橄榄石形成共晶体，其熔点最低，当其脉石总量超过 10% 时，则体膨胀率下降。此外，以 MgO 代替 CaO，共晶体的熔点上升，有利于体膨胀率的下降。

（3）生球质量不好或加工过程有缺陷。配料不当、加热和冷却速度不当、化学成分及焙烧温度不当，这些都可能引起异常还原膨胀，有时甚至是最主要的原因。

外部环境因素主要指还原条件，主要包括还原温度、还原气成分、还原气流速等。

（1）还原温度的影响。球团的异常膨胀主要因为铁晶须的生长，铁晶须的集结和长大发生在选定的点、边和角。新形成的直接还原铁向这些晶核移动，因此正在长大的金属须推动邻近的粒子，导致球团体积的增大。随着还原温度的升高还原速率加快，铁晶须的集结和长大也变快，低温时（如 800℃）还原速率太慢，以至于集核的形态和铁金属须被改变，不会导致很大的膨胀。随着温度的升高（如 900℃），还原速率提高，引起铁晶须的形成和长大，导致更大的膨胀。随着温度的进一步升高，还原速率提高，膨胀本应该更剧烈，但是相反，膨胀系数却在减小。这是因为还原铁的熔融和气孔的破裂。在更高的温度下铁金属须变得柔软和弯曲，可能由于自身的重量而下沉或是由于颗粒的熔融使孔隙度下降造成铁金属须的长大受到限制。

（2）还原气成分。不同成分的还原气对还原反应速率有着直接影响，进而也会对还原膨胀产生相应的影响。H_2 和 CO 还原铁氧化物的还原反应动力学和热力学有所不同。两者的还原动力学均符合未反应核模型，但 H_2 的扩散系数大于 CO 的扩散系数；反应热力学方面，H_2 还原是吸热反应，CO 还原是放热反应，810℃ 以下温度 H_2 的还原能力弱于 CO，而 810℃ 以上比 CO 还原能力强。相同条件下，用 H_2 还原铁氧化物引起的还原膨胀小于 CO 还原引起的膨胀。主要原因还是还原过程中控制环节的差异，导致金属铁的析出形态不同，从而导致不同程度的膨胀。H_2 还原，金属铁多以板状、块状的金属铁析出，结构紧密，抗压强度大；CO 还原，金属铁以粒状、针状析出，机构疏松，体积膨胀大。

（3）还原气流速。尽管还原气成分一样，不同的还原气流速也会引起还原膨胀的差异。不同的还原气流速会影响反应中的控速环节，在一定流速范围内，反应速率随着流速的增大而加快，造成铁矿石不同程度的还原膨胀。

铁矿石在还原过程中，温度在570℃以下，按照$Fe_2O_3 \rightarrow Fe_3O_4 \rightarrow Fe$的顺序进行；570℃以上，按照$Fe_2O_3 \rightarrow Fe_3O_4 \rightarrow FeO \rightarrow Fe$的顺序进行。还原膨胀主要发生在两个阶段，第一阶段发生在赤铁矿$Fe_2O_3 \rightarrow Fe_3O_4$磁铁矿的还原过程中，原因是晶格形态的变化，体积会有少量的增大。第二阶段发生在浮士体还原为金属铁的过程中，该过程的膨胀由化学反应的控制环节决定。反应过程的不同控制环节决定了金属铁的析出形态，不同金属铁的析出形态将导致不同程度的膨胀。由于反应温度的不同，浮士体还原为金属铁的反应过程可能受三种控制环节控制，三种反应控制环节及对应膨胀程度如下：

（1）在铁离子扩散环节控制的还原反应时，由于铁离子向晶格内迁移的速度小于铁离子在界面处产生的速度，所以会开始时在界面处生成单独的铁核体，还原反应进行到一定程度时单独铁核会长大相互结合而形成一层致密的铁层。

（2）在界面化学反应控制的还原反应时，由于铁离子朝着晶格内部的增长具有很快的速度，致使界面处和内部的铁离子浓度梯度很小，几乎为零。铁离子会在比较易生成形核的地方聚积以达到形成晶核时所需要的过饱和度。铁核因为晶核下面具有相对固定的氧晶格，会被迫朝着外边生长，形成所谓的针状晶或铁晶须，即定向晶。

（3）当铁离子扩散和界面化学反应混合控制还原反应过程时，铁核会以上述两种方式在一定区域内形成。

在球团矿中由于金属铁析出形态不同，致使占据的体积空间不同，所以会对球团矿产生不一样的还原膨胀趋势影响。

动态模拟还原和升温还原过程中，800℃以下，浮士体的还原受界面化学反应控制，化学反应速率缓慢，界面处与内部的铁离子浓度几乎一样。金属铁多以铁晶须的形态析出，但由于反应速率慢，析出的铁晶须数量少，而且570℃以下没有浮士体生成，减小了第二阶段的膨胀，致使膨胀量小。还原反应会随着温度升高而加快，此时还原反应的控制环节将由界面化学反应的控制转变为铁离子扩散控制，金属铁多以层状晶的形态析出，使体积膨胀不太明显。整个还原反应过程中，球团没有很剧烈的膨胀，这正体现升温还原过程能够抑制球团膨胀的特点。在还原反应的后期球团会出现体积收缩的情况，这是由于在反应过程中，低温下产生的针状铁晶须在铁离子扩散环节控制时由细长变得短粗，铁晶须逐渐由针状变成锥状，使宏观体积略有减小。850℃恒温还原过程中，界面化学反应环节与铁离子扩散环节混合控制着浮士体的还原反应过程。该温度是两种控制的转变温度，金属铁以铁晶须和层状晶两种形态析出，加上反应初期铁矿球团在高温下瞬间暴露在极强的还原气氛下，还原反应速率瞬间加快，界面处产生大量铁晶须并形成堆积，聚集在界面处，由于铁离子来不及向内部迁移，只能向外扩张，使宏观上体现出体积的剧烈膨胀。随着反应的进行，铁离子逐渐向晶格内部迁移，还原反应也变得平缓，产生的铁晶须数量逐渐减少，体积膨胀不明显。这正是还原过程中，膨胀初期剧烈，随后平缓甚至产生收缩的原因。

由于 H_2 较 CO 有更好的扩散性和动力学特性，在 H_2 还原过程中，金属铁多以大块的块状晶体析出，使晶体之间结合紧密，体积膨胀小。而 CO 还原时，金属铁则多以纤维状的铁析出，晶体间结合松散，宏观上有明显的体积膨胀。因此，类氢的还原气氛能够抑制球团的膨胀，为了减小球团的膨胀，可以适当增加还原气中 H_2 的含量。

5 气基直接还原竖炉炉型设计及仿真

现有直接还原设备主要有竖炉、反应罐、回转窑和流化床等，其中气基竖炉是气基直接还原反应的发生装置也是应用最为广泛的直接还原装置。研究表明，气基直接还原竖炉内的还原气分布并不均匀，并且球团矿下行过程并不是理想的"活塞流"，因此气基直接还原竖炉在进行炉型设计时需要考虑还原段内还原气分布不均、球团矿粒径差异和物料下行速度分布等因素的影响。当炉料下行平均速度不变的情况下，为保证产品质量会增大还原段高度从而增加球团矿通过还原段所需时间，但还原段高度增加会造成还原段整体压强损失增大，还原气进气口和冷却气进气口处所需压强增加，能量利用率降低。本章即从这些问题入手，应用数值仿真技术，对气基直接还原竖炉的炉型结构进行优化设计。

5.1 气基直接还原竖炉

目前，世界上主要有两种用于气基直接还原的竖炉，即 MIDREX 竖炉和 HYL-Ⅲ竖炉，分别应用于典型的气基直接还原工艺。竖炉以对流移动床的方式工作，常温矿石自竖炉的炉顶加入，固态炉料在重力作用下自上而下移动。高温还原气自还原段底部进入，经过矿石间的空隙向上流动，与炉料形成逆流相向流动。铁矿石在向下运动的过程中被逆向的还原气加热并发生还原反应，还原完成的海绵铁进入过渡段过渡，然后经冷却段冷却，最后从炉底排出。按照高度和作用的不同，MIDREX 竖炉和 HYL-Ⅲ竖炉均可分为三段：从上到下依次为还原段、过渡段和冷却段。1998 年，由宝钢和鲁南化肥厂共同研制出了 BL 半工业性质的气基竖炉直接还原工艺，为国内气基竖炉直接还原技术的发展提供了一定的经验。BL 竖炉炉型结构如图 5-1 所示。

竖炉还原段是还原反应发生的主要场所。常温炉料和高温还原气在此形成逆流相向流动，并在相向流动过程中完成传热传质。还原段发生的反应主要有：

(1) $3Fe_2O_3+CO \longrightarrow 2Fe_3O_4+CO_2$

(2) $3Fe_2O_3+H_2 \longrightarrow 2Fe_3O_4+H_2O$

(3) $Fe_3O_4+CO \longrightarrow 3FeO+CO_2$

(4) $Fe_3O_4+H_2 \longrightarrow 3FeO+H_2O$

(5) $FeO+CO \longrightarrow Fe+CO_2$

(6) $FeO+H_2 \longrightarrow Fe+H_2O$

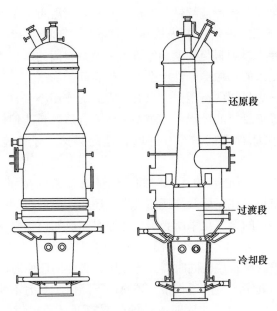

图 5-1 BL 竖炉炉型结构

过渡段介于还原段和冷却段之间。炉料从还原段向下进入过渡段，过渡段的存在可调节竖炉内的压强形成等压区，使还原气和冷却气不至于发生串通。同时海绵铁在过渡段发生渗碳反应。

冷却段的主要目的是为了完成高温海绵铁的冷却降温，防止高温海绵铁与空气接触而发生二次氧化，便于出炉。冷却段海绵铁的冷却也采用相向流动的方式，常温的冷却气自冷却段底部通入与向下运动的高温海绵铁相遇进行热交换，使海绵铁温度降低至80℃以下。

5.2 炉型参数及其确定方法

5.2.1 合理炉型的定义

气基直接还原竖炉设计方法研究目的是建立一套较完善的设计理论来确定合理的竖炉炉型参数。所谓合理的炉型即能够按要求生产出合格海绵铁的炉型，既要满足产量要求也要符合质量要求。这就需要对竖炉的工作过程、工作原理、竖炉各段参数对生产过程的影响等方面有全面的分析和研究。合理的炉型要求竖炉生产在稳态时保持炉况的稳定。稳定的炉况是指料速稳定；各部温度稳定，水平断面沿径向温度梯度小；各部气压稳定；还原气利用率高；海绵铁成分合格，金属化率稳定。这就要求炉型设计时需要满足以下条件：

（1）保证竖炉生产的连续性及料速的稳定性，不发生悬料和结炉事故。竖炉内炉料的顺行是保证生产连续性的基础。与高炉熔融带上部相似,竖炉是一个对流式的移动填充床。炉料在炉内依靠重力下降,下降过程中受到多重阻力作用,包括气体的浮力、炉料与炉壁的摩擦力以及炉料间的摩擦力。特别是炉料在还原过程中表现出来的还原膨胀性能会增大炉料间的膨胀力,从而增大炉料与炉壁间的摩擦力以及炉料间的挤压力。只有在阻力的作用小于自身重力时,炉料才可能顺行。引起竖炉悬料的因素还有炉型参数不合适、料速偏低以及气流分布不均等因素。只有保证合理的炉型,选取合理的料速,才可能避免悬料情况的发生。

(2) 所有炉料经历必要的还原时间,保证海绵铁的金属化率及质量合格。所谓还原时间是指炉料在还原段与还原气发生还原反应的时间,而必要的还原时间是指炉料达到预定的金属化率所必须的还原时间。如果物料按照最理想的方式——活塞流流动(即:沿竖炉径向没有速度梯度的流动),那么在相同的流速下,同一时刻入炉的矿石也会同时离开还原段,必要的还原时间应与炉料在还原段停留时间一致。真实的生产过程中,炉料的下降由于受力不均匀等原因,不可能呈现完整的活塞流,为了使同时入炉的炉料离开还原段时达到预期的金属化率,在设计时必须保证最先离开还原段的炉料经历了必要的还原时间。

(3) 过渡段能够起到隔绝还原气和冷却气的作用,防止两者发生串通。

(4) 冷却段要保证其冷却效果,使出炉的海绵铁温度低于80℃,防止其发生二次氧化。

(5) 选择合理的工艺参数,使炉内气流、压强和温度分布合理。

炉内气流分布对压强分布和温度分布有重要的影响,而影响气流分布的因素主要有还原气的气量、冷却气的气量,还原气入口的压强、冷却气出口的压强、炉顶压强等。

5.2.2　竖炉炉型参数间的制约关系及影响因素

炉型研究中需要确定的炉型参数如图5-2所示。

(1) 竖炉炉顶直径。相当于高炉的炉喉直径。与高炉炉喉类似,竖炉炉顶是炉料的入口也是还原气的出口,对炉料和还原气的上部分布起到控制和调节作用。炉顶直径的大小应与还原段高度、还原段炉身角以及炉身直径之间满足几何关系。

(2) 竖炉炉身直径。炉身是竖炉中直径最大的部分,形成了竖炉的过渡段,使还原段和冷却段得以合理过渡。还原气入口沿着炉身呈圆周分布,炉身直径不能太大,尺寸太大可能造成从还原气入口吹入的还原气因阻力太大而不能达到竖炉中心部位,造成不合理的还原气分布;炉身直径亦不能太小,由于产能一定,炉身直径太小会造成竖炉总高度增大,料速下降过快,引起炉内物性的不均匀

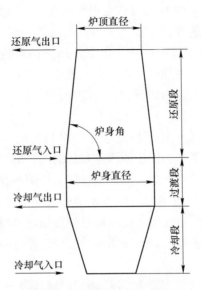

图 5-2　待确定的炉型参数

性，同时也会增加设备的总投入。因此进行结构设计时，应根据产能、竖炉有效容积利用系数以及下料速度来确定，推导过程如下。

根据日产量和有效容积利用系数确定竖炉有效容积：

$$V_0 = \frac{P_1}{\eta} \qquad (5\text{-}1)$$

根据矿石堆密度，有效容积利用系数计算还原周期：

$$T = \frac{24\rho_0}{\eta K} \qquad (5\text{-}2)$$

根据预定下料速度和还原周期确定竖炉高度：

$$H = vT \qquad (5\text{-}3)$$

由竖炉有效容积和竖炉高度确定竖炉炉身直径：

$$\frac{\pi D^2}{4} H = V_0 \qquad (5\text{-}4)$$

$$D = \sqrt{\frac{(1 + 10\%) K P_1}{6\pi v_0 \rho_1}} \qquad (5\text{-}5)$$

式中　P_1——日产量，t；

　　　η——有效容积利用系数，t/(m³·d)；

　　　V_0——竖炉有效容积，m³；

　　　T——还原周期，即炉料在炉内的停留时间，h；

　　　ρ_1——矿石堆密度，t/m³；

K——矿比，即生产 1t 海绵铁与需要的铁矿石质量的比值；

v——物料下降速度，m/s。

（3）竖炉炉底直径。竖炉炉底是海绵铁出炉的部位，同时冷却气从沿炉底圆周排布的入口处进入。海绵铁用螺旋卸料机排出竖炉，炉底直径决定竖炉螺旋卸料系统的设计。炉底直径与炉身直径、冷却段高度、冷却段炉身角之间满足几何关系。

（4）竖炉还原段高度。还原段是竖炉中最核心的部位。在炉料下降速度一定时，还原段高度决定了炉料在还原段停留的时间，即与还原气接触的时间，也可以说是炉料被还原的时间。炉料的运动规律对于炉料在炉内的停留时间有很大影响。炉料需要经历必要的还原时间，才能保证转变达到预定金属化率的海绵铁。在尺寸设计时，首先通过仿真技术对竖炉还原段的温度和还原气成分进行模拟实验研究，模拟得到还原竖炉内球团矿的必要还原时间，再结合竖炉的下料速度及物料运动规律来确定。

（5）竖炉过渡段高度。竖炉过渡段必须保证还原气和冷却气之间不发生串通，设计需要满足炉型几何关系。

（6）竖炉冷却段高度。冷却段高度决定球团矿还原为 DRI 后在冷却段内的冷却效果。冷却段高度不宜太大，如太大会使过渡段的高度减小，从而增大还原气和冷却气的串通可能；冷却段高度不宜太小，如太小则不能使高温海绵铁冷却到预定温度。设计时，应通过理论计算和数值模拟确定出达到最佳冷却效果的必要冷却段高度。

（7）竖炉还原段炉身角。与高炉炉身角的作用一样，还原段炉身角的存在能够减小炉料与炉料、炉料与炉壁间的挤压，改善炉料的透气性，减小炉料与炉壁的摩擦，有利于炉料的顺行。还原膨胀性是指矿石在被还原的过程中，体积发生改变的特性，属于铁矿石的冶金性能。炉料在还原段内一边向下流动，一边被还原气还原并发生还原膨胀。如果炉身角设置太小或不设置炉身角来适应炉料膨胀，将导致炉料间的挤压增大，使炉料发生破碎和粉化，造成透气性恶化，同时会使炉料与炉壁间的挤压变大，从而增大摩擦力。炉料的透气性以及炉料与炉壁的摩擦是造成竖炉悬料事故的决定因素。炉身角不能过大，如角度过大会使边缘炉料变得松散，影响料层透气均匀性，使气流分布不均匀。因此合理的还原段炉身角能够适应铁矿石的还原膨胀，且不会影响还原气流的均匀分布。随着竖炉高度的变化炉身角可能发生变化，使竖炉还原段内型成为一条曲线。设计时，需要对铁矿石的还原膨胀性能做大量的研究以了解其在竖炉内的膨胀过程，然后结合铁矿石的还原膨胀来确定合理的还原段炉身角。

（8）竖炉冷却段炉身角。高温海绵铁在冷却段内完成冷却后排出竖炉，因此冷却段需要保证其冷却效果，冷却气在冷却段的合理分布是保证冷却效果的前提条件，而冷却气合理分布需要合理的炉身角作保证。因此，冷却段炉身角需要通过对冷却过程进行模拟研究之后再行确定。设计时，利用多孔介质的局部非热平衡模型对冷却段进行数值模拟，结合模拟结果再确定合理的冷却段炉身角。

5.3 设计范例

炉型参数的研究工作首先参考现有气基直接还原竖炉的基本数据和生产工艺要求，再来阐述炉型的研究方法。现有竖炉的利用系数见表 5-1。

表 5-1 现有气基直接还原竖炉利用系数

参　数	MIDREX 竖炉	HYL2M5 竖炉	BL 竖炉
设计生产能力/t·d^{-1}	1200	1000	5
还原段容积/m^3	144	105	0.58
还原段利用系数/t·(m^3·d)$^{-1}$	8.3	9.52	8.62
还原段及过渡段容积/m^3	251.8	125	1.096
还原段和过渡段利用系数/t·(m^3·d)$^{-1}$	4.8	8	4.56

原始设计参数见表 5-2。

表 5-2 原始设计参数

原始设计参数	参数值	原始设计参数	参数值
年产量/万吨	50	金属化球团密度/t·m^{-3}	$\rho_1 = 1700$
工厂年操作时间/天	335	预定全炉有效容积利用系数/t·(m^3·d)$^{-1}$	$\eta = 5$
日产量/t·d^{-1}	1500		
小时产量/t·h^{-1}	64.5	初定有效容积/m^3	300
球团矿堆密度/t·m^{-3}	$\rho_0 = 2000$	还原周期/h	8.16

基于以上基础数据，根据下料速度可初定竖炉高度和炉身直径。根据现有的气基直接还原竖炉物料的下降速度来确定三种初始炉型，即根据 1.6m/h、1.8m/h 和 2m/h 三种不同速度来初定炉型参数，见表 5-3。在后续的研究工作中，均在此三种初始炉型的基础上进行。

表 5-3 三种初始炉型参数

初始炉型	Ⅰ	Ⅱ	Ⅲ
物料下降速度/m·s^{-1}	1.6	1.8	2
竖炉高度/m	13.056	14.688	16.32
炉身直径/m	5.67	5.35	5.08
高径比	2.30	2.75	3.21

5.4   还原段必要还原时间的确定

必要还原时间是指在一定反应条件下，球团达到预定金属化率需要经历的最短还原时间。还原速率的快慢决定着必要还原时间的长短，由于还原反应速率受到反应温度、还原气成分、流速、球团组分等因素的影响，所以不同条件下球团的必要还原时间各不相同。由于还原反应的复杂性，只有在作极端简化的条件下，才能得到还原速率与必要还原时间的关系，没有实际应用价值。实验研究是确定必要还原时间的有效手段。通过对还原段还原条件的数值模拟，基于模拟结果建立实验条件，然后测定实验条件下球团矿达到预定还原度的必要还原时间。

在不同还原气氛和温度条件下，单个球团颗粒的必要还原时间各不相同。模拟条件下，球团散料层的必要还原时间远远大于单个球团颗粒的必要还原时间。不同反应条件下，还原度达到97%所需的必要还原时间见表5-4。

表 5-4   不同还原条件下必要还原时间

还原气氛	100%H$_2$	100%CO$_2$	50%H$_2$+50%CO$_2$	散料层模拟还原条件
还原温度	850℃恒温	850℃恒温	850℃恒温	模拟升温
必要还原时间/min	28	—	36	186

竖炉内都是对球团散料层的还原，所以只能以实验中对散料层还原的必要还原时间作为参考。即球团在模拟条件下，经过约1h温度达到850℃，然后在恒温条件和变化的还原气氛条件下还原3h左右，还原度达到97%，得到了预定的金属化率的海绵铁。因此，可以将3h作为该还原条件下的必要还原时间。

由于在实验条件下，还原气氛、流速以及温度都呈均匀分布，属于实际竖炉中的理想情况，所以考虑到实际竖炉中情况的复杂性，需将实验必要还原时间进行延长处理后作为设计值，通常取实验值的1.2倍，即将3.5h作为实际竖炉中球团的必要还原时间。

5.5   还原段物料传输模拟及其高度确定

如果还原段物料呈"活塞流"下降，则结合预定的物料下料速度v_0与必要还原时间t_0可以计算竖炉还原段高度。即：

$$h_1 = v_0 \cdot t_0 \tag{5-6}$$

但在真实的竖炉物料下降过程中，球团物料之间会发生运动，物料不可能呈活塞流下降，即同一时刻入炉的矿石不可能同时出炉。所以，通过离散元软件对炉内物料运动进行仿真分析，得出炉内不同部位的物料下降速度分布，然后确定同时入炉物料出炉的时间差，为炉型的设计提供数据支持。

5.5.1 颗粒离散元素法

离散元素法的基本原理是将研究对象划分为一个个相互独立的单元，根据单元之间的相互作用和牛顿运动定律，采用动态松弛法和静态松弛法等迭代方法进行循环迭代计算，确定在每一个时间步长所有单元的受力及位移，并更新所有单元位置。

（1）基本假设。

1）选取的时间步长足够小，使得在一个单独的时间步长内，除了与选定单元直接接触的单元外，来自其他单元的扰动都不能传过来。

2）规定在任意的时间步长内，速度和加速度恒定。

（2）接触模型。将颗粒与颗粒、颗粒与边界的接触采用振动方程进行模拟，即将接触模型表示成振动模型。

颗粒接触过程中法向振动方程为：

$$m_{1,2}\mathrm{d}^2 u_n/\mathrm{d}t + c_n \mathrm{d}u_n/\mathrm{d}t + K_n u_n = F_n \tag{5-7}$$

颗粒接触过程中切向振动方程为：

$$m_{1,2}\mathrm{d}^2 u_s/\mathrm{d}t + c_s \mathrm{d}u_s/\mathrm{d}t + K_s u_s = F_s \tag{5-8}$$

切向振动运动可用切向滑动和颗粒的滚动表示：

$$I_{1,2}\mathrm{d}^2\theta/\mathrm{d}t + (c_s \mathrm{d}u_s/\mathrm{d}t + K_s u_s)s = M \tag{5-9}$$

式中　　$m_{1,2}$——i、j颗粒的等效质量；

$\quad\quad I_{1,2}$——i、j颗粒的等效转动惯量；

$\quad\quad s$——旋转半径；

$\quad\quad u_n$——颗粒法向位移；

$\quad\quad u_s$——颗粒切向位移；

$\quad\quad \theta$——颗粒自身的旋转角度；

$\quad\quad F_n$——颗粒所受外力法向分量；

$\quad\quad F_s$——颗粒所受外力切向分量；

$\quad\quad M$——颗粒所受外力矩；

$\quad\quad K_n$——接触模型中的法向弹性系数；

$\quad\quad K_s$——接触模型中的切向弹性系数；

$\quad\quad c_n$——接触模型中的法向阻尼系数；

$\quad\quad c_s$——接触模型中的切向阻尼系数。

（3）颗粒模型运动方程。离散元模型中颗粒的运动计算原理大同小异，基本上是两方面的计算：第一，力与位移关系；第二，运动方程采用牛顿第二定律。颗粒i的线性运动与扭动由以下方程进行描述：

$$m_i \frac{\partial v_i}{\partial t} = F_{gi} + \sum F_{cij} \tag{5-10}$$

$$I_i \frac{\partial \omega_i}{\partial t} = \sum (r_i n_i \times \sum F_{cij}) \tag{5-11}$$

式中　m_i——颗粒 i 的质量;

　　　I_i——颗粒 i 的惯量;

　　　r_i——颗粒 i 的半径;

　　　v_i——颗粒 i 的线速度;

　　　ω_i——颗粒 i 的角速度;

　　　F_{gi}——颗粒 i 的体积力。

5.5.2　仿真模型的建立

由于初始模型是基于不同的下料速度而建立,所以研究下料速度对物料运动规律的影响显得尤为重要,同时对初始模型设置一定的炉身角以研究炉身角对物料运动的影响。由于气基直接还原竖炉采用螺旋卸料装置进行卸料,所以通过控制卸料机的转速即可控制物料下降速度。为研究不同下料速度下物料运动的一般规律,将卸料机的转速从 5r/min 开始,转速每增加 5r 进行一次模拟,直到转速为 30r/min,即每个几何模型共进行 6 次模拟。

(1) 几何体模型。该仿真分析采用两种几何模型,均为呈圆周分布的八台卸料机同时卸料。两种几何模型的区别在于是否设置炉身角。对模型 1 不设置炉身角,模型 2 设置 88°炉身角,具体几何模型的参数见表 5-5。

表 5-5　离散元模拟的几何模型参数

几何模型	高度/m	直径/m	炉身角/(°)	螺旋卸料机台数/台
模型 1	8	5	90	8
模型 2	8	5	88	8

(2) 颗粒模型。由于几何体模型尺寸较大,所以采取将球团颗粒体积扩大的方式来减小计算量,取颗粒模型为 100mm。

(3) 材料属性。几何模型采用 steel 材料,颗粒物料采用自定义颗粒材料,材料属性见表 5-6。

表 5-6　材料属性

材料属性	密度/kg·m⁻³	剪切模量/Pa	泊松比
Steel	7800	7e+10	0.3
颗粒	2000	1e+08	0.5

（4）接触类型。在仿真过程中会涉及两类接触，即颗粒-颗粒接触和颗粒-几何体接触，具体参数值见表5-7。

表5-7 接触参数

接触参数	恢复系数	静摩擦系数	滚动摩擦系数
颗粒-颗粒	0.01	0.5	0.01
颗粒-几何体	0.01	0.6	0.02

（5）颗粒工厂。颗粒工厂是颗粒产生的位置所在，对其设置可以控制颗粒产生的位置、时间及方式。其设置参数见表5-8。

表5-8 颗粒工厂设置

几何模型	颗粒工厂类型	颗粒数量	开始时间	每秒生成颗粒
模型1	动态工厂	25000	0s	20000
模型2	动态工厂	22000	0s	20000

颗粒的初始条件设置为随机生成尺寸，即颗粒半径可在0.9~1.1倍的原型颗粒直径范围内随机生成；颗粒生成位置也设置为随机放置；颗粒速度设为−10m/s（负号表示速度向下）。

5.5.3 模拟结果及分析

（1）模型1模拟结果及分析。将仿真时间设置为100s，螺旋卸料机转速为25r/min时，模型1的仿真过程如图5-3所示，随着时间的推移，物料逐渐下降。为了更清晰的获得物料运动轨迹，取一个经过几何体轴线一定厚度的二维切片，分析切片内径向距离竖炉轴线不同位置的颗粒下降速度。当转速为25r/min时，同一时刻入炉颗粒运动轨迹如图5-4所示。

从仿真过程可以看出，同一时刻入炉的颗粒下降过程中运动轨迹呈现出竖炉心部物料下降较快，边缘物料下降较慢的趋势。沿径向将切片分成11个小切片，分析小切片内颗粒在仿真时间内的平均下降速度，如图5-5所示。从6种转速下的仿真结果对比可知，螺旋卸料机不同转速使物料下降的平均速度有所不同，转速越快物料平均下降速度越快。但在螺旋卸料机不同转速下，炉内颗粒物料的下降速度沿径向的分布情况相似，即从心部到边缘，物料下降速度逐渐减小。这种心部物料下降速度最大而边缘物料下降速度最小的现象即是所谓的"边缘滞留效应"。

为了分析最大速度与平均速度的关系，将6种仿真结果置于表5-9中。定义

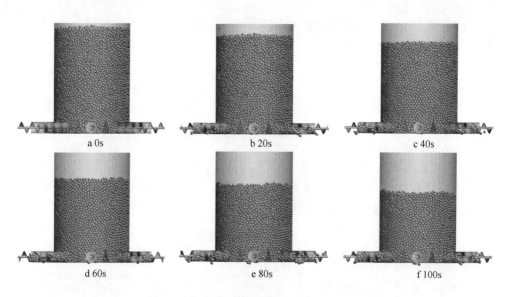

图 5-3 25r/min 转速下模型 1 的模拟结果

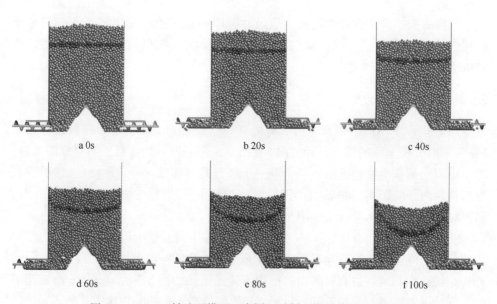

图 5-4 25r/min 转速下模型 1 中同一时刻入炉颗粒的运动轨迹

"速度超前比"的概念,速度超前比是指与平均速度相比,最大速度超过平均速度的比率,用下式计算。

$$速度超前比 = \frac{最大速度 - 平均速度}{平均速度} \times 100\% \tag{5-12}$$

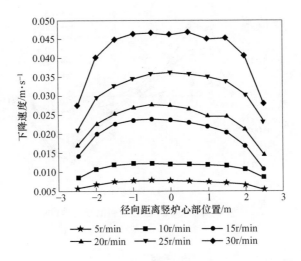

图 5-5 竖炉内径向不同位置炉料下降速度分布

表 5-9 下降速度模拟结果分析

转速/r·min⁻¹	5	10	15	20	25	30
平均下降速度/m·s⁻¹	0.0069	0.0112	0.0204	0.0243	0.0322	0.0408
最大下降速度/m·s⁻¹	0.0077	0.0129	0.0238	0.0277	0.0360	0.0467
速度超前比/%	11.6	15.1	16.6	13.9	11.8	14.4

从表 5-9 中数据可以看出，6 种转速下，转速越高物料下降速度越快，最大下降速度也越快。但速度超前比不受下降速度的影响，其值分布于 10%~20% 之间。

小切片内颗粒沿径向的速度分布如图 5-6 所示。从图中可知，6 种转速下，转速越高，物料沿径向速度越快，但其速度分布呈现出同一趋势，即颗粒物料均有向竖炉心部运动的趋势，且在心部和边缘径向中心处速度越大，心部和边缘处速度最小。但总体来说，物料沿径向的速度与其沿轴向的速度相比很小，甚至不在同一个数量级，相差几十倍，可以忽略其在径向的影响。

（2）模型 2 模拟结果及分析。同样以 25r/min 转速条件下的仿真结果为例，模型 2 的仿真过程如图 5-7 所示。a~f 分别为初始时刻以及每增加 20s 时物料的分布情况。

同模型 1 一样，取一个经过轴线的一定厚度的切片，来研究同一时刻入炉矿石的运动情况，如图 5-8 所示。与模型 1 的仿真结果相似，模型 2 中物料下降速度同样呈现心部物料下降速度快、边缘物料下降慢的趋势。

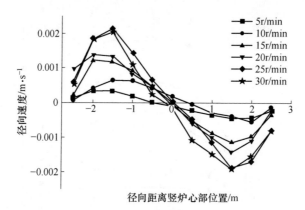

图 5-6 竖炉内径向不同位置炉料沿径向速度分布

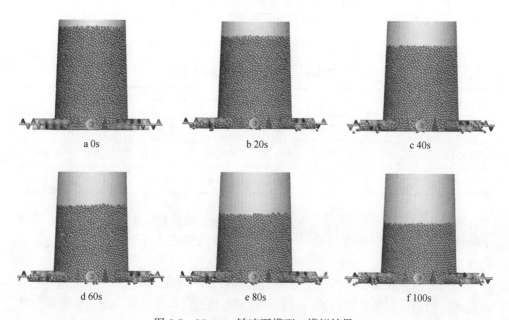

图 5-7 25r/min 转速下模型 2 模拟结果

下降速度沿径向的分布如图 5-9 所示。模型 2 的 6 种仿真结果的平均速度与最大速度的关系见表 5-10。从表 5-10 中数据可知，6 种转速下的物料速度超前比均在 10%~20%之间，即在模型 2 的仿真结果中，速度超前比也不受物料下降快慢的影响。

炉料沿径向的速度分布如图 5-10 所示。与模型 1 相似，炉料都有向竖炉心部运动的趋势，且心部与边缘的径向 1/2 处速度最大。物料沿径向的速度与其沿轴向的速度相比很小，甚至不在同一个数量级，相差几十倍，可以忽略球团沿径向的速度对轴向速度的影响。

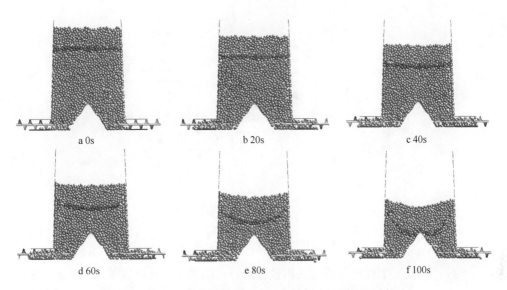

图 5-8　25r/min 转速下模型 2 中同一时刻入炉颗粒运动轨迹

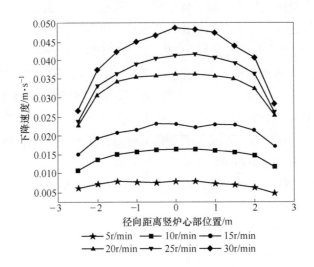

图 5-9　竖炉内径向不同位置炉料下降速度分布

表 5-10　下降速度模拟结果分析

转速/r · min^{-1}	5	10	15	20	25	30
平均下降速度/m · s^{-1}	0.00718	0.014923	0.02106	0.03297	0.03634	0.0417
最大下降速度/m · s^{-1}	0.00802	0.01659	0.02337	0.03648	0.04174	0.04823
速度超前比/%	11.7	11.2	10.9	10.6	14.3	15.6

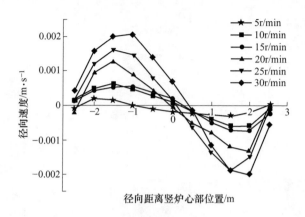

图 5-10   竖炉内径向不同位置炉料沿径向速度分布

（3）模型 1、2 对比分析。从不设置炉身角的模型 1 和设置了 88°炉身角的模型 2 的仿真结果可以看出，设置炉身角后，由于竖炉截面积变小，所以相同转速下，炉料平均下降速度变快，但总体速度分布规律变化不大，即心部炉料下降速度大于边缘炉料速度。从速度超前比分析最快速度与平均速度的关系可知，模型 1 在六种转速下的速度超前比分别为 11.6%、15.1%、16.6%、13.8%、11.4% 和 14.4%，模型 2 的速度超前比分别为 11.7%、11.2%、10.9%、10.6%、14.3% 和 15.4%。可见设置炉身角的模型对速度超前比没有很明显的影响，两种模型下的值均分布在 10%~20% 之间。而且炉身角对径向速度分布的影响也不明显，所以说通过利用不设置炉身角的初始模型仿真可以分析竖炉内炉料的运动规律，且可将仿真结果运用到竖炉的设计当中。

炉料的下降规律可以结合球团的受力进行分析，由杨森公式可得不同深度处竖直方向炉料的有效重力为：

$$W_{\text{eff}} = \frac{\gamma_0 D}{4fn}\left[1 - \exp\left(- \frac{4nfH}{D} \right) \right] \tag{5-13}$$

式中 W_{eff}——散料的有效重力，kg/m^2；

γ_0——散料的堆积密度，kg/m^3；

f——散料与器壁的摩擦系数；

n——散料层内任意一点的水平压力与垂直压力之比；

D——料筒直径，m；

H——料层高度，m。

由埃根方程得到炉内气体的压降，可用来计算气体浮力：

$$\frac{\Delta P}{L} = \frac{150\mu W\phi^2}{D_1^2} \cdot \frac{(1-\varepsilon)^2}{\varepsilon^3} + \frac{1.75\phi\rho W^2}{D_1} \cdot \frac{1-\varepsilon}{\varepsilon^3} \tag{5-14}$$

式中　$\dfrac{\Delta P}{L}$——单位高度料柱的压损，mmH_2O/m；

　　　μ——气体黏度系数，$kg \cdot s/m^2$；

　　　D_1——炉料当量直径，m；

　　　ρ——气体密度，kg/m^3；

　　　W——空炉气体流速，m/s；

　　　ε——料层空隙度；

　　　ϕ——形状因子。

竖炉中球团的受力为等效重力与气体浮力的合力。对于边缘球团，其等效重力为自身重力、球团与炉壁的摩擦力以及球团与球团间摩擦力的合力：

$$W_合 = W_{eff} - F_浮 = G_P - P_{wall} - P_P - F_浮 \tag{5-15}$$

靠近心部球团等效重力只是自身重力和球团间摩擦力的合力：

$$W_合 = W_{eff} - F_浮 = G_P - 2P_P - F_浮 \tag{5-16}$$

球团和炉壁的摩擦力大于球团间的摩擦力作用是引起心部炉料下降快，边缘炉料下降慢的原因。分析杨森公式可知，当 $H \to \infty$ 时，$W_{eff} \to \dfrac{\gamma_0 D}{4fn}$，即当竖炉深度较大时，球团的有效重力受高度影响较小，这使得球团在竖炉上部相对运动较剧烈而中下部的相对运动程度较小，这也是速度超前比不会一直增大而维持在 10% ~ 20% 之间的原因。

5.5.4　还原段高度的确定

与高炉的有效高度相似，气基直接还原竖炉还原段高度是保证球团还原质量的重要因素。由于炉料的冶金性能、传热传质性能的提高以及采用高压操作等因素，高炉已向矮胖型发展。与瘦高型的高炉相比，矮胖型高炉能够降低料柱与炉壁的压力，从而减小摩擦力；还能够减小炉料受到的垂直应力，减小颗粒破碎的可能性，保证炉料透气性。过去和现在，在确定大型高炉炉型时，最大的难点是确定高炉的有效高度。与高炉有效高度类似，气基直接还原竖炉内还原段高度的确定，需要考虑炉料的冶金性能、传热传质性能以及物料运动规律，并保证炉料与还原气有充足的接触时间，这就需要结合仿真模拟和实验进行研究。

从物料运动仿真结果来看，原始设计的料速 1.6m/h、1.8m/h 以及 2m/h 相当于物料的平均速度，而为了保证心部下降较快的物料能够经历必要的还原时间，需要利用心部最大的速度来设计还原段高度。根据速度超前比不受料速影响，且其值处于 10%~20% 之间这一结论来确定原始设计料速下的最大料速。取必要还原时间为实验值的 1.2 倍，即 3.5h，速度超前比为 20%，通过下式可求得还原段高度。

$$h_1 = (1 + 20\%) v_0 \times t_{必} \tag{5-17}$$

通过上式计算，三种原始模型还原段高度分别为：6.72m，7.56m 和 8.4m。

5.6 竖炉还原段内型曲线的确定

5.6.1 内型曲线的确定方法

高炉内型曲线不仅对高炉炉料的下降速度分布而且对料层结构和气流分布有很大影响。与高炉熔融带上部相同，气基竖炉内球团矿料在下降过程中受到三种阻力的作用，即料柱与炉壁的摩擦力、还原气流的浮力以及物料间的内摩擦力。只有在三种阻力的总作用效果小于自身重力的时候，物料才能顺利下行，即不会发生悬料。减小料柱与炉壁间的摩擦力能够减小阻力的作用效果。铁矿球团在还原过程中会表现出膨胀性能，即还原膨胀性。球团的膨胀性能会增大料柱的膨胀力，从而增大料柱与炉壁间的压力，使料柱与炉壁间的摩擦力增大。高炉熔融带上部为了适应球团的膨胀性能会设置一定的炉身角，如现代高炉中，1000~2000m³高炉的炉身角约为 85°，2700~3200m³高炉的炉身角约为 84°，4000~5000m³高炉的炉身角约为 83°。对于气基直接还原竖炉，为了适应炉料在还原段反应过程中的膨胀性能，减小料柱膨胀力，从而达到减小料柱与壁面摩擦力的目的，需设置一定的还原段炉身角，炉身角随着还原段高度变化从而形成还原段内型曲线。由于物料的运动和膨胀过程极其复杂，为了能够实现内型曲线的研究，现作出如下假设：

（1）炉料呈活塞流下降；

（2）处于竖炉同一高度的物料排布规则有序，且球团形状规则，半径相同；

（3）只考虑沿竖炉半径方向的膨胀量，不考虑竖炉轴向的膨胀。

在以上假设成立的前提下，竖炉还原段同一高度炉料因膨胀导致边缘炉料发生径向位移，由于物料有沿轴向的下降运动，所以竖炉内的炉料既有沿竖炉径向的位移，也有轴向位移，单个颗粒物料的运动轨迹都是一条曲线。为了通过膨胀规律来研究竖炉内型曲线，如图 5-11 所示，取截面 XOZ。其中 OX 方向为竖炉径向，范围为从竖炉中心到炉壁的距离；OZ 为竖炉轴向方向，范围为还原段高度，圆点位于竖炉还原段底部中心处。

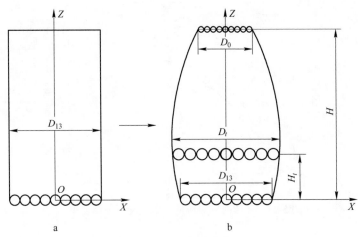

图 5-11　内型曲线确定过程

a—优化前；b—优化后

从以上分析可知，在还原段高度确定的情况下，竖炉还原段的内型曲线可以结合炉料的膨胀规律来确定。以活塞流下降的物料，边缘颗粒在下降过程中的运动轨迹即为合理的内型曲线。

5.6.2　实验结果的应用

实验还原过程中，每隔 15min 左右取一个还原时刻（共 15 个，标记为 0、1、2、3、…、13）作为测量点，用于还原膨胀率的测量，实验中的还原膨胀率为：

$$P_t = \frac{V_t - V_0}{V_0} \times 100\% \tag{5-18}$$

式中　P_t——第 t 测量点球团的还原膨胀率，%；

　　　V_0——球团原始体积，mm^3；

　　　V_t——第 t 测量点球团的体积，mm^3。

确定还原段高度过程中，将必要还原时间取为 1.2 倍的实验值，即 3.5h，因此将实验过程中达到特定还原度的时间也增加相应倍数来处理，可得出还原度-还原时间以及还原时间-还原膨胀率的关系曲线，如图 5-12 所示。

还原过程中的球团矿相对于还原反应结束时球团体积的变化率为：

$$P'_t = \frac{V_t - V_{13}}{V_{13}} \times 100\% \tag{5-19}$$

式中　P'_t——第 t 测量点球团的体积相对于反应结束的球团体积变化率；

　　　V_{13}——第 13 测量点球团矿体积，mm^3；

　　　V_t——第 t 测量点球团的体积，mm^3。

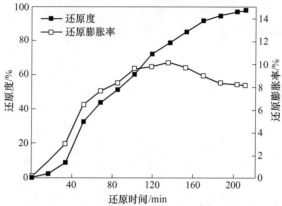

图 5-12　还原时间对应的还原度与还原膨胀率

由以上两式可得：

$$P'_t = \frac{P_t - P_{13}}{1 + P_{13}} \tag{5-20}$$

颗粒球团的体积为：

$$V_t = \frac{4}{3}\pi d_t^3 \tag{5-21}$$

$$V_{13} = \frac{4}{3}\pi d_{13}^3 \tag{5-22}$$

式中　d_t——第 t 测量点球团的直径，mm。

由以上关系，不同时刻颗粒直径的关系为：

$$d_t = \sqrt[3]{P'_t + 1}\, d_{13} \tag{5-23}$$

不同高度竖炉处的直径：

$$D_t = \sqrt[3]{P'_t + 1}\, D_{13} \tag{5-24}$$

式中　D_t——第 t 测量点对应竖炉高度处的炉身直径；

　　　　D_{13}——第 13 测量点对应竖炉高度处的炉身直径。

测量点数据与真实竖炉中的对应关系见表 5-11。

表 5-11　测量点数据计算

测量点	0	1	2	3	4	5	6
对应时间/min	0	17	34	51	68	85	102
P_t	0	0.01476	0.03022	0.06482	0.07648	0.08405	0.09615
P'_t	−0.07579	−0.06214	−0.04786	−0.01588	−0.00510	0.00189	0.01308
测量点	7	8	9	10	11	12	13
对应时间/min	119	135	152	169	186	203	210
P_t	0.09812	0.10212	0.09691	0.0903	0.0841	0.08251	0.082
P'_t	0.01490	0.01860	0.01378	0.00767	0.00194	0.00047	0

结合物料下降速度，将实验中的测量时间点与三种初始模型竖炉还原段高度相对应，可得还原时间-竖炉还原段高度曲线，如图 5-13 所示。

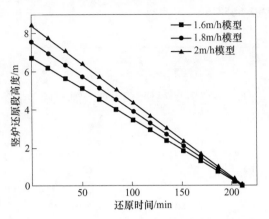

图 5-13　还原段高度对应的还原时间曲线

5.6.3　内型曲线的拟合与确定

综合以上数据分析，将各测量点对应高度处的直径拟合成直径-还原段高度曲线，如图 5-14 所示，并给出拟合曲线的函数表达式，如式（5-25）所示。可见初始炉型 I 还原段内型曲线由三条斜率不同的拟合线段组成，对应炉身倾角分别为：86.044°、88.533°和 90.792°。

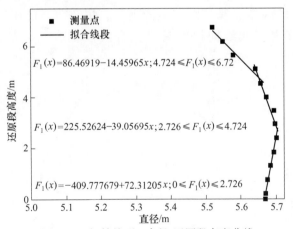

图 5-14　初始炉型 I 直径-还原段高度曲线

$$F_1(x) = \begin{cases} 86.46919 - 14.45965x; & 4.724 \leq F_1(x) \leq 6.72 \\ 225.52624 - 39.05695x; & 2.726 \leq F_1(x) \leq 4.724 \\ -409.777679 + 72.31205x; & 0 \leq F_1(x) \leq 2.726 \end{cases} \quad (5\text{-}25)$$

初始炉型Ⅱ的内型曲线, 如图 5-15 所示, 拟合曲线的函数表达式, 如式 (5-26) 所示。该内型曲线同样由三段拟合线段组成, 对应炉身角分别为: 86. 68°、88. 77°和 90. 665°。

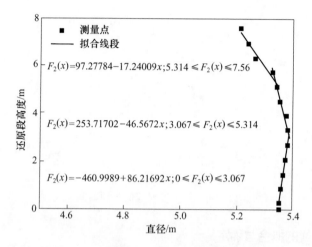

图 5-15 初始炉型Ⅱ直径-还原段高度曲线

$$F_2(x) = \begin{cases} 97.27784 - 17.24009x; & 5.314 \leqslant F_2(x) \leqslant 7.56 \\ 253.71702 - 46.5672x; & 3.067 \leqslant F_2(x) \leqslant 5.314 \\ -460.9989 + 86.21692x; & 0 \leqslant F_2(x) \leqslant 3.067 \end{cases} \qquad (5\text{-}26)$$

初始炉型Ⅲ的内型曲线, 如图 5-16 所示, 拟合曲线的函数表达式, 如式 (5-27) 所示。该内型曲线同样由三段拟合线段组成, 对应炉身角分别为: 87. 162°、88. 949°和 90. 652°。

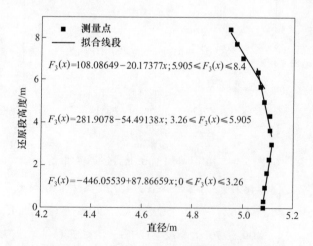

图 5-16 初始炉型Ⅲ直径-还原段高度曲线

$$F_3(x) = \begin{cases} 108.08649 - 20.17377x; & 5.905 \leqslant F_3(x) \leqslant 8.4 \\ 281.9078 - 54.49138x; & 3.26 \leqslant F_3(x) \leqslant 5.905 \\ -446.05539 + 87.86659x; & 0 \leqslant F_3(x) \leqslant 3.26 \end{cases} \quad (5\text{-}27)$$

综上所述,由三种下料速度确定的三种初始炉型的还原段参数得以确定,见表 5-12。

表 5-12　三种炉型的还原段参数

初始炉型	I	II	III
炉身直径/m	5.67	5.35	5.08
还原段高度/m	6.72	7.56	8.4
炉喉直径/m	5.515	5.204	4.941
还原段炉身倾角	86.04°/88.53°/90.79°	86.68°/88.77°/90.67°	87.16°/88.95°/90.65°

6　气基竖炉内流场数值模拟研究

6.1　气基直接还原竖炉内流场数学模型的建立

6.1.1　模型建立

　　建立气基竖炉三维模型的参数主要参考 MIDREX 竖炉和 COREX 竖炉的基本数据。竖炉还原段外部是钢壳，内衬保温层和耐热层。设计能力为年产 50 万吨海绵铁的气基竖炉，炉喉直径为 2m，填料高度为 13m，还原气入口到料面距离为 10m，炉身倾角为 86°，炉顶煤气出口为 2 个，$\phi = 600\text{mm}$ 支管个数 40 个，将还原气沿圆周方向均匀的吹入竖炉内，如图 6-1 所示。

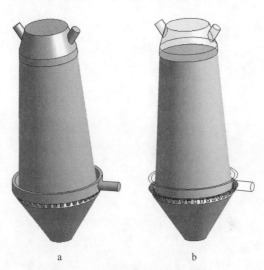

　　　　　　a　　　　　　　　　　　b

图 6-1　气基直接还原竖炉模型

a—整体效果图；b—分部模型图

　　气基直接还原竖炉模型分为三个部分，如图 6-1b 所示。最顶端透明区域为炉顶部分，中部实体区域为矿料填充部分，周围透明区域为围管部分。竖炉矿料填充区域是一个旋转对称结构，可以考虑简化为二维轴对称模型，但为了研究围管对流场的影响，而围管并不是轴对称结构，故选用三维全模型结构进行建模研究。虽然消耗的模型计算时间和资源增大，但可以更真实地反映气基竖炉内的还原气流动情况。

6.1.2 基本假设

数值模拟技术可以经济、快速、准确地对气基竖炉内的气体流动行为进行仿真分析，因此该技术也成为研究气基竖炉气体流动行为的一种有效手段。但直接还原过程如果不进行一些必要的简化和近似，很难实现数学模拟。因此，在后续气基直接还原竖炉内的气体流动分析中遵循以下一般性假设：

（1）将矿石近似成固定床；

（2）气体沿各个方向压降相等，即各向同性；

（3）气体为理想气体；

（4）将气体流动过程近似为稳态；

（5）忽略竖炉内传热及化学反应过程；

（6）忽略竖炉炉衬传热。

从竖炉炉顶加料到直接还原铁的生成，通常需要 3~5 个小时，炉料下降缓慢，而还原气的流动速度相对炉料下降速度要快，炉料的下降对气流影响很小，故研究流场时可将矿料下降的过程近似为静止，即看做固定床。

在计算气流通过移动床阻力损失时，通常采用气固相对速度的概念，即将气固两相物质之间的相对速度引入到固定床的气体压降方程中，以此代替气流速度。

6.1.3 控制方程

流体力学方程是求解流体的依据和基础，在连续性介质假设的前提下，本研究的控制方程应使用质量守恒方程、动量守恒方程、能量守恒方程，并结合本构方程建立。

（1）连续性方程。

$$\frac{\partial(\rho u_i)}{\partial x_j} = 0 \tag{6-1}$$

（2）动量守恒方程。

$$\frac{\partial}{\partial x_j}(\rho u_i u_j) = \frac{\partial p}{\partial x_i} + \frac{\partial \tau_{ij}}{\partial x_j} + \rho g_i + S_i \tag{6-2}$$

还原竖炉内的气固传热计算区域在使用 FLUENT 进行数值模拟时，采用多孔介质模型，其动量方程具有附加的动量源项，源项由两部分组成，一部分是黏性损失项，另一部分是内部阻力损失项。

$$S_i = \sum_{j=1}^{3} D_{ij} \mu v_j + \sum_{j=1}^{3} C_{ij} \frac{1}{2}\rho \mid v_j \mid v_j \tag{6-3}$$

式中　　D_{ij}——黏性阻力系数，取 $-1.52 \times 10^8 \mathrm{m}^{-2}$；

　　　　C_{ij}——惯性阻力系数，取 $16963 \mathrm{m}^{-1}$。

（3）$k-\varepsilon$ 方程。

k 方程：

$$\frac{\partial(\rho K)}{\partial t} = \frac{\partial(\rho u_j K)}{\partial x_j} = -\frac{\partial}{\partial x_j}\left[\left(\mu + \frac{u_t}{\sigma_k}\right)\frac{\partial K}{\partial x_j}\right] + \mu_t \frac{\partial u_j}{\partial x_i}\left(\frac{\partial u_i}{\partial x_j} + \frac{\partial u_j}{\partial x_i}\right) - \rho\varepsilon \quad (6-4)$$

ε 方程：

$$\frac{\partial(\rho\varepsilon)}{\partial t} = \frac{\partial(\rho\overline{u_j}\varepsilon)}{\partial x_j} = -\frac{\partial}{\partial x_j}\left[\left(\mu + \frac{u_t}{\sigma_k}\right)\frac{\partial\varepsilon}{\partial x_j}\right] + C_1 \frac{\varepsilon}{K}\mu_t \frac{\partial u_j}{\partial x_i}\left(\frac{\partial u_i}{\partial x_j} + \frac{\partial u_j}{\partial x_i}\right) - C_2 \frac{\rho\varepsilon^2}{K}$$

$$(6-5)$$

（4）能量方程。

$$\frac{\partial}{\partial x_i}[v(\rho E + p)] = \frac{\partial}{\partial x_i}(k_{\mathrm{eff}}\nabla T - \sum h_j J_j + \tau_{\mathrm{eff}}v) \quad (6-6)$$

式中　　k_{eff}——介质的有效热传导系数；

　　　　J_j——组分 j 的扩散通量。

方程式（6-6）等号右侧 3 项分别表示由于热传导、组分扩散、黏性耗散而引起的能量转移。

$$E = h - \frac{p}{\rho} + \frac{v^2}{2} \quad (6-7)$$

$$h = \sum_j Y_j h_j \quad (6-8)$$

$$h_j = \int_{T_{\mathrm{ref}}}^{T} c_{p,j}\mathrm{d}T \quad (6-9)$$

式中，Y_j 为组分 j 的质量分数；$T_{\mathrm{ref}} = 298.15\mathrm{K}$。

对于气基直接还原竖炉矿料填充区域的流动，求解过程仍然求解标准能量输运方程，只是修改了传导流量和过渡项。在矿料填充区域中，传导流量使用有效传导系数，过渡项包含了矿石区域的热惯量。

$$\frac{\partial}{\partial x_i}(\rho_f u_i h_f) = \frac{\partial}{\partial x_i}\left(k_{\mathrm{eff}}\frac{\partial T}{\partial x_i}\right) - \phi\frac{\partial}{\partial x_i}\sum_{j'} h_{j'}J_{j'} + \phi\tau_{ik}\frac{\partial u_i}{\partial x_k} \quad (6-10)$$

式中　　h_f——还原气的焓；

　　　　$h_{j'}$——料柱的焓；

　　　　ϕ——料柱的空隙率；

　　　　k_{eff}——料柱的有效热传导系数。

多孔介质模型中的有效传热系数 k_{eff} 采用流体的传热系数与固体的传热系数

的体积平均值求得：

$$k_{\text{eff}} = \phi K_{\text{f}} + (1 - \phi) K_{\text{s}} \tag{6-11}$$

式中　K_{f}——流体的传热系数；

　　　K_{s}——固体的传热系数。

（5）输运方程。

$$\frac{\partial}{\partial t}(\rho Y_i) + \nabla \cdot (\rho v Y_i) = -\nabla J_i + R_i + S_i \tag{6-12}$$

式中的 R_i 是所涉及的化学反应速率，在气基直接还原竖炉内流场的研究中，因忽略了化学反应过程，故去掉 R_i 这一项。式中的 S_i 为离散相和源项导致的额外产生速率，在气基直接还原竖炉内流场的研究中，不存在额外组分的产生，故 S_i 一项亦可去掉。故得到如下输运方程：

$$\frac{\partial}{\partial t}(\rho Y_i) + \nabla \cdot (\rho v Y_i) = -\nabla J_i \tag{6-13}$$

湍流中的质量扩散，FLUENT 以如下形式计算质量扩散：

$$J_i = -\left(\rho D_{i,m} + \frac{\mu}{Sc_t}\right)\nabla Y_i \tag{6-14}$$

式中　Sc_t——湍流施密特数。

6.2　气基竖炉流场分布的影响因素

本节研究气基竖炉还原段的炉顶压强、炉顶气出口大小、还原气通入量、还原气温度和支管个数这 5 个因素对流场的影响。在对每个因素进行分析时假设其他因素不发生变化。本节的模拟计算模型均基于直接还原竖炉模型，出现的云图均为三维模型过中心线截面的解，曲线均为直接还原竖炉中心线上的解。

6.2.1　炉顶压强对流场影响

高压操作是提高生产效率的有效途径之一。适当的升高竖炉炉顶的压力，能够有效的减小炉内还原气气流的流速。不仅如此，适当的升高竖炉炉顶的压力，还能够使还原气与料柱有效的接触，进而提高还原气的利用效果。适当的升高竖炉炉顶的压力还可以适当的降低竖炉内料层的压力损失，进而使竖炉顺行，而且还能为增加风量提供有利条件。

为研究不同炉顶压强对流场的影响，在其他条件相同的前提下，仅改变炉顶压强，分别为 100kPa、200kPa 和 300kPa。

图 6-2 所示是不同炉顶压强下竖炉内压强的分布云图。模拟计算结果显示，在炉顶压强不同、其他条件相同的情况下，只有在还原气入口处很小的范围内压强变化很大，而竖炉内压强分布沿半径方向上变化很小，所以重点研究在竖炉高

度方向上的压强变化规律。

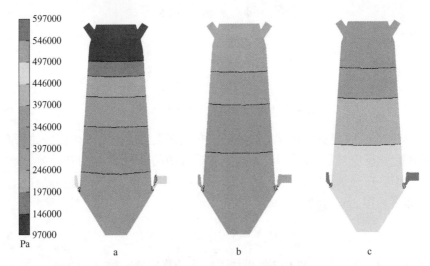

图 6-2　不同炉顶压强下竖炉内压力云图

a—100kPa；b—200kPa；c—300kPa

图 6-3 所示是不同炉顶压强下竖炉内的速度分布云图。由图中数据可知，还原气体的速度分布情况与其压强分布类似，不同炉顶压强条件仅对还原气入口处很小范围内的速度造成影响，使其数值变化较大，而竖炉内的速度分布同样沿半径方向上变化很小，所以研究重点也在竖炉高度方向上。

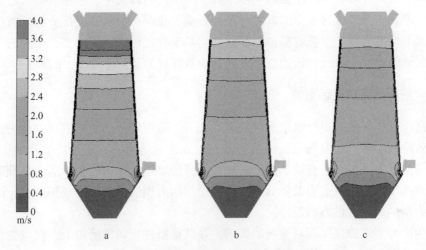

图 6-3　不同炉顶压强下竖炉内速度云图

a—100kPa；b—200kPa；c—300kPa

图 6-4 给出了竖炉内压强的分布曲线。当炉顶压强为 100kPa 时，还原气入口所在截面中心压强为 359kPa，相差 259kPa。当炉顶压强为 200kPa 时，还原气

入口所在截面中心压强为411kPa,相差211kPa。当炉顶压强为300kPa时,还原气入口所在截面中心压强为475kPa,相差175kPa。可以看出,随着炉顶压强的不断增大,还原气入口处压强与炉顶压强的压强差越小。

图6-5给出了竖炉内还原气的密度分布曲线。由图中数据可知,还原气沿高度方向的密度变化趋势与还原气沿高度方向的压强变化趋势相同。

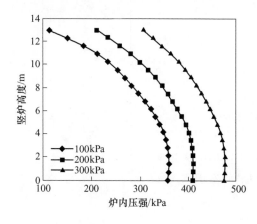
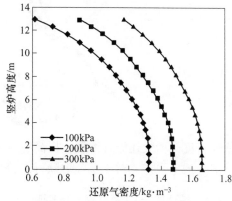

图6-4 竖炉压强分布曲线   图6-5 竖炉还原气密度分布曲线

当炉顶压强为100kPa时,还原气入口所在截面中心密度为1.32kg/m³,还原气密度为0.6kg/m³,相差0.72kg/m³。当炉顶压强为200kPa时,还原气入口所在截面中心密度为1.48kg/m³,出口处还原气密度为0.88kg/m³,相差0.60kg/m³。当炉顶压强为300kPa时,还原气入口所在截面中心密度为1.64kg/m³,出口处还原气密度为1.2kg/m³,相差0.44kg/m³。

图6-6给出了竖炉内还原气的速度分布曲线。还原气沿高度方向的速度变化随竖炉高度增加而增大,速度增幅随高度增大而增大。当炉顶压强为100kPa时,还原气入口所在截面中心速度为1.01m/s,出口处还原气速度为4.84m/s,相差3.83m/s。当炉顶压强为200kPa时,还原气入口所在截面中心速度为0.91m/s,出口处还原气速度为3.33m/s,相差2.42m/s。当炉顶压强为300kPa时,还原气入口所在截面中心速度为0.80m/s,出口处还原气速度为2.52m/s,相差1.72m/s。

提高炉顶压强,炉内压强整体增大,但是随着炉顶压强增大沿高度方向压强梯度减小,有利于竖炉顺行。在竖炉炉料阻力各项相同的前提下,随着炉顶压强增大沿高度方向压强梯度减小的原因是随着炉顶压强增大,炉内压强整体增大,进而使气基竖炉内还原气密度整体增大,在通入还原气质量不变的前提下,还原气密度增大,体积变小,气基竖炉内的还原气速度下降。根据表观速度与压强曲线,速度越小,压强差越小。因此,提高炉顶压强的优势在于:一是可以提高还

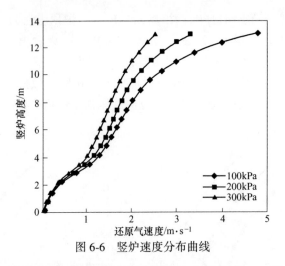

图 6-6 竖炉速度分布曲线

原气密度，增大还原气浓度，提高直接还原铁的生产效率；二是可以减小炉料上下部分的压强差，对气基竖炉顺行有着积极的作用。

6.2.2 炉顶气出口大小对流场影响

气基直接还原竖炉的炉顶气出口大小直接影响着炉顶压强，由上述分析可知，炉顶压强对炉内流场有着重要的影响。过大的炉顶气出口会给设备制造带来不必要的麻烦和浪费，而过小的炉顶气出口会使炉顶压强过大，而炉顶压强过大，则鼓风机没有足够的压力鼓入所需的风量。改变炉顶压强可以通过调节炉顶气出口压强来达到，本次研究即通过改变炉顶出口大小来实现这一目的。

为研究不同炉顶出口大小对流场的影响，在其他条件均不变的情况下，仅改变炉顶气出口大小，炉顶气出口直径分别设为 $D = 0.1m$、$D = 0.2m$ 和 $D = 0.3m$，对应的出口面积分别为 $0.0628m^2$、$0.2512m^2$ 和 $0.5652m^2$。图 6-7 和图 6-8 所示分别是在不同炉顶出口大小下模拟计算得到的竖炉内压强分布和竖炉内速度分布云图。计算结果显示，在炉顶出口大小不同，其他条件相同的情况下，只有在还原气入口处很小的范围内压强变化很大，而竖炉内压强分布和速度分布沿半径方向上变化很小。

鉴于上述模拟结果，重点研究在竖炉高度方向上的变化。具体方法为取竖炉中心线上的数据进行分析，图 6-9 给出了竖炉内还原气压强的分布曲线，图 6-10 给出了竖炉内还原气密度的分布曲线，图 6-11 给出了竖炉内还原气速度的分布曲线。综合各项数据可知，减小出口大小，使炉内压强整体增大，但压强差减小，与增大炉顶压强的效果相同。当炉顶气出口面积为 $0.5652m^2$ 时，炉顶压强为 598kPa，入口压强为 700kPa，入口速度为 0.85m/s，上下压强差为 102kPa，离炉顶越近压强差越大。

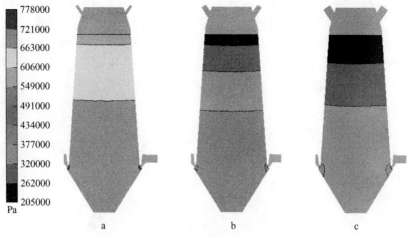

图 6-7　不同炉顶出口大小下竖炉内压力云图

a—0.0628m^2；b—0.2512m^2；c—0.5652m^2

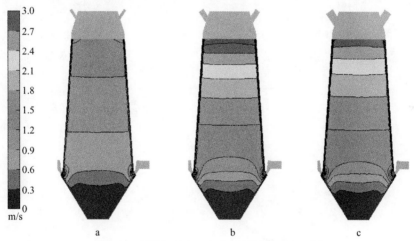

图 6-8　不同炉顶出口大小下竖炉内速度云图

a—0.0628m^2；b—0.2512m^2；c—0.5652m^2

6.2.3　还原气通入量对流场的影响

增加竖炉内还原气风量是提高生产效率的有效途径之一。增加风量能提高还原气的利用系数，但是增大风量后，炉内煤气量也相应增大，煤气流速升高，这就会引起压强差升高。在一定的原燃料和装备条件下，风量增加到一定程度，引起的煤气流速过度升高会导致崩料、滑料，甚至诱发管道行程，使炉料顺行受到破坏，燃料消耗上升，产量反而降低。

控制单位时间内鼓入气基直接还原竖炉内的还原气质量是调节炉内情况的一

种常用的工艺手段。提高鼓入量能够增加冶金强度，但是会引起还原气流场的变化。为研究不同还原气通入量对流场的影响，在其他条件相同的前提下，仅改变单位时间内的还原气通入量，其值分别为 40kg/s、50kg/s 和 60kg/s。图 6-12 和图 6-13 所示分别给出了不同还原气通入量下竖炉内的压强分布和速度分布。由图中数据可知，随着还原气通入量的不断增加，炉内压差显著增大，炉顶处的气流速度也相应增大。

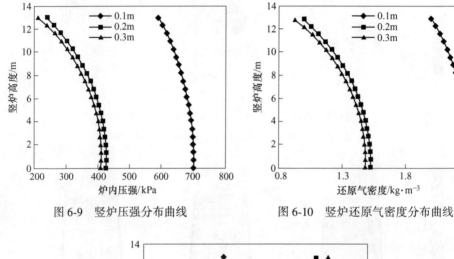

图 6-9　竖炉压强分布曲线　　　　　　　图 6-10　竖炉还原气密度分布曲线

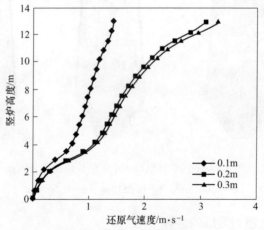

图 6-11　竖炉速度分布曲线

　　增加还原气风量是强化还原的重要手段，但是风量不能过大。尤其当强化效果已经显著，且料柱透气能力已受限制时，过度的增大还原气风量不但不能达到增产的目的，有时甚至会引起阻碍竖炉顺行，进而导致产量下降。

　　计算结果显示，在还原气通入量不同、其他条件相同的情况下，只有在还原气入口处很小的范围内压强变化很大，而竖炉内压强分布和速度分布沿半径方向

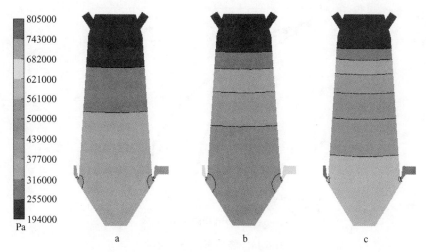

图 6-12 不同还原气通入质量下竖炉内压力云图

a—m = 40kg/s; b—m = 50kg/s c—m = 60kg/s

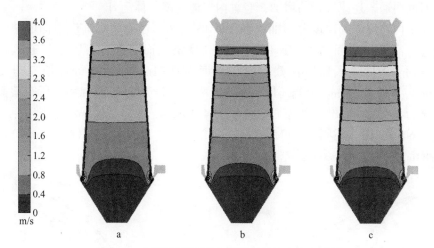

图 6-13 不同还原气通入质量下竖炉内速度云图

a—m = 40kg/s; b—m = 50kg/s; c—m = 60kg/s

上变化很小, 所以重点研究在竖炉高度方向上的变化。方法为取竖炉中心线上的数据进行研究, 图 6-14 给出了竖炉内压强的分布曲线。由图中数据可知, 当还原气通入量为 40kg/s 时, 还原气入口所在截面中心压强为 411kPa。当还原气通入量为 50kg/s 时, 还原气入口所在截面中心压强为 500kPa。当还原气通入量为 60kg/s 时, 还原气入口所在截面中心压强为 590kPa, 三种情况下出口压强相同, 均为 200kPa。

竖炉内还原气的密度分布曲线如图 6-15 所示。可以看出, 随着单位时间内通入还原气量不断增大, 还原气入口截面压强与炉顶压强的压强差逐渐增大。还

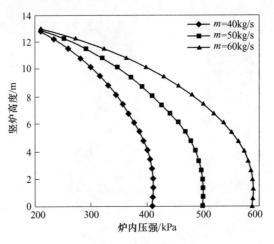

图 6-14　竖炉压强分布曲线

原气沿高度方向的密度变化趋势与还原气沿高度方向的压强变化趋势相同，随着单位时间内通入还原气量的增加，竖炉内气体密度整体上升。

竖炉内还原气的速度分布曲线如图 6-16 所示。还原气沿高度方向的速度变化随竖炉高度增加而增大，速度增幅随高度增大而增大。当还原气通入量为 40kg/s 时，还原气入口所在截面中心速度为 0.91m/s，出口处还原气速度为 3.33m/s，相差 2.36m/s。当还原气通入量为 50kg/s 时，还原气入口所在截面中心速度为 0.97m/s，出口处还原气速度为 4.10m/s，相差 3.13m/s。当还原气通入量为 60kg/s 时，还原气入口所在截面中心速度为 1.01m/s，出口处还原气速度为 4.84m/s，相差 3.83m/s。

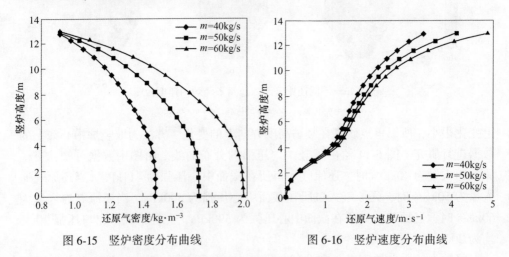

图 6-15　竖炉密度分布曲线　　　　　图 6-16　竖炉速度分布曲线

增大单位时间内向气基直接还原竖炉内通入的还原气质量，可以增大单位时间内流经矿石的还原气量，而且可以增强还原气的浓度气氛，促进直接还原铁的生产。但从气基直接还原竖炉内的压强分布情况来看，增大单位时间内向竖炉内通入的还原气质量，使竖炉内压强整体增大，沿高度方向上的压强差也增大。沿高度方向上压强差过大会引起竖炉顺行受阻。在一定的原燃料和装备条件下，还原气量增加到一定程度，引起的还原气流速过度升高会导致崩料、滑料，甚至诱发管道行程，竖炉顺行受到破坏，竖炉产量反而降低。

图 6-17 所示为不同还原气入口角度对气基竖炉的影响。研究气基直接还原竖炉支管的入射方向对竖炉内还原气速度和压强分布的影响可为支管的结构设计提供依据。分析表明，支管入射角度对入口处还原气流的分布有一定影响，而对竖炉内气流整体的分布有较小的影响。因此，在进行支管结构设计时，就可以忽略支管入射角度对流场的影响。

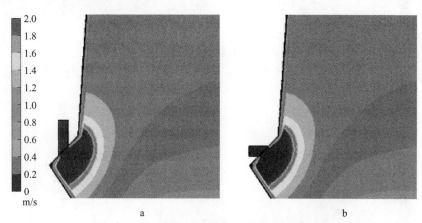

图 6-17　不同还原气入口角度对气基竖炉的影响
a—还原气入口与水平面垂直；b—还原气入口与水平面平行

6.2.4　还原气温度对流场的影响

提高气基直接还原竖炉内的温度环境，在竖炉生产过程中，包括还原过程在内的所有化学反应速率都会得到相应的提升。因此，提高竖炉内温度气氛可降低还原过程所消耗的时间。但是值得注意的是温度过高很容易产生炉料黏结现象，影响气基直接还原竖炉的正常生产。本节就对不同还原气温度条件对流场的影响进行研究。

为研究不同通入还原气温度对流场的影响，在其他条件相同的前提下，仅改变通入还原气温度，分别为 300K、1107.35K 和 1173.15K 进行研究。

图 6-18 和图 6-19 所示分别是不同还原气通入温度下竖炉内压强分布云图和不同还原气通入温度下竖炉内速度分布云图。计算结果显示，在还原气通入温度不同，其他条件相同的情下，只有在还原气入口处很小的范围内压强变化很大，

而竖炉内压强分布和速度分布沿半径方向上变化很小。

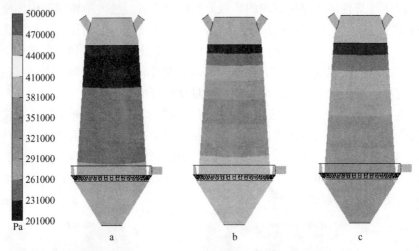

图 6-18　不同还原气通入温度下竖炉内压力云图

a—300K；b—1073.15K；c—1173.15K

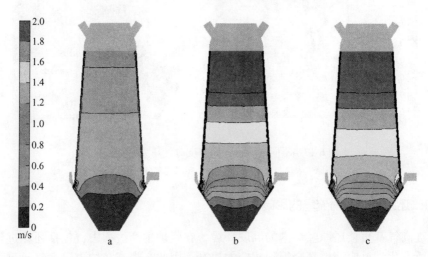

图 6-19　不同还原气通入温度下竖炉内速度云图

a—300K；b—1073.15K；c—1173.15K

　　常温下的竖炉压力和速度云图，在常温下和高温下气基竖炉内速度和压强分布有差别。在常温下的气体密度比高温下的气体密度大，所以常温下还原气体积小，在炉内的速度小，压强小，压强差亦小。

　　当通入还原气的温度为 300K 时，还原气入口所在截面中心压强为 264kPa。当通入还原气的温度为 1073.15K 时，还原气入口所在截面中心压强为 392kPa。当通入还原气的温度为 1173.15K 时，还原气入口所在截面中心压强为 406kPa，三种情况下出口压强相同，均为 200kPa，如图 6-20 所示。可以看出，随着通入还原气的温度不断增大，还原气入口截面压强与炉顶压强的压强差逐渐增大。还原气沿高度方向的密度变化趋势与还原气沿高度方向的压强变化趋势相同，随着单位时间内通入还原气量的增加，竖炉内气体密度整体上升。

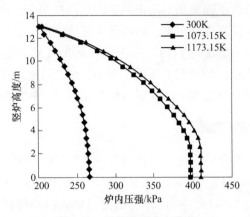

图 6-20　竖炉压强分布曲线

综上模拟研究结果，重点研究在竖炉高度方向上的温度与流场的变化规律。方法为取竖炉中心线上的数据进行分析，进一步研究不同还原气通入温度对流场的影响。竖炉内还原气的压强分布曲线结果如图 6-20 所示，竖炉内还原气的密度分布曲线结果如图 6-21 所示，竖炉内还原气的速度分布曲线结果如图 6-22 所示。

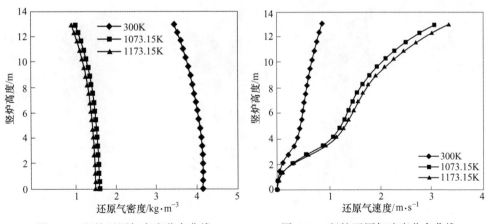

图 6-21　竖炉还原气密度分布曲线　　　　图 6-22　竖炉还原气速度分布曲线

还原气沿高度方向的速度变化随竖炉高度增加而增大，速度增幅随高度增大而增大。当通入还原气的温度为 300K 时，还原气入口所在截面中心速度为 0.32m/s，出口处还原气速度为 0.89m/s，相差 0.57m/s。当通入还原气的温度为 1073.15K 时，还原气入口所在截面中心速度为 0.85m/s，出口处还原气速度为 3.06m/s，相差 2.31m/s。当通入还原气的温度为 1173.15K 时，还原气入口所在截面中心速度为 0.97m/s，出口处还原气速度为 3.33m/s，相差 2.36m/s。

对比通入还原气的温度为 300K 和通入还原气的温度为 1073.15K 两种情况可知，高温条件下的炉内压强要比常温下的炉内压强高很多，高温下竖炉内气流速度也要比常温下的气流速度高很多，高温下的气体密度是常温下的 25% 左右。

对比通入还原气的温度为 1173.15K 和通入还原气的温度为 1073.15K 两种情况可知，气体温度越低，炉料上下压强差越小，对气基竖炉顺行越有利，而且低温下气体密度较高温气体密度大，能够为化学反应提供较高的浓度氛围。

6.2.5　支管数量对流场影响

参考气基直接还原竖炉内流场压强的生产数据与模拟分析数据，围管内的还原气压强最高，为 515kPa。还原气入口处压强为 356kPa，炉顶压强为 200kPa，整个还原段压强损失 156kPa。在还原气刚接触到矿料局部区域内，压强损失最大，损失近 100kPa，几乎为整个压强损失的 30%，由此可以看出，合理的调节支管的数量对竖炉入口处局部区域的压强损失量有重要意义。

图 6-23 为不同支管数量对气基直接还原竖炉内还原气压强分布的影响。观察图中数据可知，支管数量对鼓风机的鼓风压强以竖炉围管处压强影响最为显著。支管数量越多，压强差越小，围管压强越小，减小鼓风机载荷。支管数量对炉内整体压强分布的影响不大。

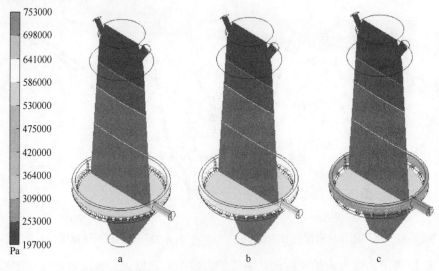

图 6-23　不同支管数量对气基竖炉的压强分布影响

a—支管个数为 40；b—支管个数为 30；c—支管个数为 20

6.3　气基直接还原竖炉内的流场优化

气基直接还原竖炉以对流移动床的方式工作。矿石自炉顶加入，还原完毕的直接还原铁自炉底排出，固态炉料由上向下运动，故称移动床。还原气从竖炉料柱的下方吹入后向上运动，与料柱形成对流，故称对流移动床。在还原气与料柱的对流过程中，矿料依次进行预热、还原和冷却三个过程。在气基竖炉中由上向下依次形成还原段、过渡段和冷却段。每段之间并不是明显区分开的，都存在一个一定的混合区域，混合区存在于两个相邻段之间。图 6-24 为气基直接还原竖炉完整模型。

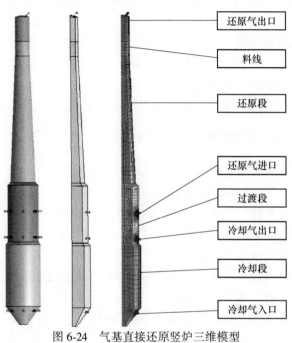

图 6-24　气基直接还原竖炉三维模型

右侧标注（自上而下）：
还原气出口
料线
还原段
还原气进口
过渡段
冷却气出口
冷却段
冷却气入口

6.3.1　合理的气流分布

气基直接还原竖炉由上到下分为三段，分别为还原段、过渡段和冷却段。为使气基直接还原竖炉利用系数最大，在结构参数没有太大变化的前提下，通过研究其工作原理和反应所需条件，认为合理的气流分布需满足下列要求：

（1）在气基直接还原竖炉还原段内的球团矿自上而下缓慢下降；800~950℃的还原气体从还原气入口吹入，流经球团矿，并与其发生物理化学反应，而后从炉顶流出，在此过程中生产出合格的直接还原铁。为使反应顺利进行并使炉料顺利运行，还原气在竖炉还原段要满足以下几个条件：1) 炉内气流分布均匀；2) 炉内上下压强差不宜过大；3) 炉内边缘气流不宜过度发展；4) 为提高反应效率需要较高的压强氛围；5）为还原反应提供一个良好的还原氛围，炉内还原气还需要一定的流速。

（2）气基直接还原竖炉过渡段是还原段与冷却段之间的一段过渡区域，在这段直接还原铁已经形成，并准备进入冷却段或者直接热送至电弧炉。过渡段把上部的还原气和下部的冷却气分开，不应发生串流。

（3）在气基直接还原竖炉冷却段将 40℃ 左右冷却气从冷却气入口吹入，流经直接还原铁将其冷却后从冷却气出口流出。冷却段有两个作用，一是保证直接还原铁的出口温度，避免 HDRI 再次氧化；二是发生较好的渗碳反应，保证 DRI 进电炉的 C 含量。从热力学角度考虑，低温高还原势有利于渗碳反应进行。直接还原铁的平均含碳量普遍在 0.5% ~ 2.5% 的区间内。在冷却段主要制约冷却段的因素是渗碳反应的发生程度，渗碳反应进行的好坏会影响到后续的冷却过程。

提高系统压力促使反应向气体摩尔数减少的方向进行，所以提高压强有利于渗碳反应进行。因此，在冷却段既要保证出口温度还要保证拥有较高的压强氛围。

6.3.2 基于响应面多个因素对流场的影响分析

研究单个因素对流场影响，可假设其他因素为定值，影响因素为变量，可以采用较少的试验点，研究多个因素对流场影响。

虽然当前计算机技术的高速发展，数值计算的精度不断进步，但是为了与实际更为接近，工程计算的模型越来越能真实反映实际情况，这也导致计算规模越来越复杂庞大，所花费的时间也越来越长。与此同时，许多工程问题的目标函数和约束函数对于设计变量经常是不光滑的或者具有强烈的非线性。为了满足工程优化计算的需要，新的高效可靠的数学规划方法，响应面法被提出。

响应曲面设计方法（RSM-Response Surface Methodology）是一种利用相关试验设计方法设计一系列实验，并通过实验得到一定数据，采用多元二次回归方程来拟合所得数据，得到因素与响应值之间的函数关系，利用对回归方程的研究来求得最优的工艺参数。这是解决多变量问题的一种统计方法。

响应面法认为模拟过程是一个黑箱，首先假设一个包含未知系数的、由基本变量与状态变量构成的解析表达式，再通过拟合的方法确定表达式中的未知系数。为对气基直接还原竖炉内的流场进行优化分析，首先需要知道影响竖炉流场的因素和流场的关系。在此次研究中取冷却气压强和炉顶压强为基本变量，取还原段出口还原气体积分数、冷却气出口冷却气体积分数和还原段压强为状态变量，状态变量的选择主要由目标函数决定，目标函数具体选择在后面进行说明。

（1）气基直接还原竖炉流场试验点设计。实验设计（DOE-Design of Experiment）即科学、合理地安排实验，以达到最好的实验效果。科学的实验设计，不但可以严格控制实验产生的误差，而且可以有效地进行实验数据的分析，最大限度地获取丰富的、可靠的测试数据。

实验设计技术用于科学地确定取样点的位置，包括作为响应面、目标驱动优化和六西格玛系统。这些技术都有一个共同的特点，它们试图定位采样点的空间随机输入参数是探索以最有效的方式获取所需的信息，或用最少的采样点。样本点在有效位置不仅会减少所需数量的采样点，也增加了响应面精度是否来自于采样点的结果。默认情况下，确定性方法使用一个中央合成设计，结合了一个中心点，点沿轴的输入参数，并指出了由部分因子设计。中心复合实验方法是一种可以利用较少的实验次数获得较完整的实验结果的试验方法。

分析气基直接还原竖炉结构和工艺要求初步确定实验点的取值范围。BL 气基竖炉的还原段、过渡段和冷却段均在同一腔体内，根据功能区分其不同段，没有明确的界限。过渡段是还原段与冷却段的过渡，在还原气入口和冷却气出口之间。还原气入口和冷却气出口之间尺寸为 0.6m，而还原段的尺寸是 4m。也就是说从还原气入口吹进的还原气到冷却气出口的距离是 0.6m，到料线的距离是 4m，明显冷却段的压降要大于还原段的压降，所以试验点的选取时炉顶压强取值小于冷却气出口压强。炉内压强需要满足 0.3MPa，所以炉顶压强和冷却气出口压强也控制在这个范围内。为提高响应面的精度，炉顶压强和冷却气出口压强在范围内均取 5 个值。实验点设计及结果见表 6-1。

表 6-1　实验点设计及计算表

试验点	冷却气出口压强 /Pa	还原气出口压强 /Pa	还原气出口 还原气体积分数	冷却气出口 冷却气体积分数	还原段压强 /Pa
1	350000	275000	0.818652	0.967884	331002
2	300000	275000	0.399718	1	296861
3	325000	275000	0.507754	0.999997	313560
4	400000	275000	1	0.502899	359481
5	375000	275000	0.992451	0.808103	348710
6	350000	250000	0.883535	0.992034	323667
7	350000	262500	0.885778	0.991668	323668
8	350000	300000	0.733985	0.996565	338677
9	350000	287500	0.818819	0.9682	331002
10	300000	250000	0.401	1	306733
11	325000	262500	0.402642	1	296864
12	400000	250000	1	0.502784	359477
13	375000	262500	0.730272	0.996865	338678
14	300000	300000	0.397991	1	306732
15	325000	287500	0.512741	0.999997	313564
16	400000	300000	0.998717	0.813724	373712
17	375000	287500	0.992848	0.807888	348712

（2）流场影响因素响应面分析。在研究气基直接还原竖炉内流场的响应面时，采用二次多项式方法。在气基竖炉流场优化中，炉顶压强和冷却气出口压强与还原段出口还原气体积分数、冷却气出口冷却气体积分数和还原段压强之间关系复杂不清或为隐式关系，无法用显式函数表达，这给问题的研究或结构的优化带来了很大困难。目前，工程领域上常用的响应面方法是利用最小二乘法构造出设计变量和响应之间的响应面函数，使之能够显式地表达出来，以便于利用成熟的优化方法或者研究方法解决相关问题。

在研究气基竖炉内流场的响应面时，选取设计变量的低阶多项式作为响应面函数。构造二阶多项式响应面近似函数，则响应面的数学模型为：

$$\hat{y} = a_0 + \sum_{j=1}^{n} a_j x_j + \sum_{j=n+1}^{2n} a_j x_{j-k}^2 + \sum_{i=1}^{n-1} \sum_{j=1}^{n} a_{ij} x_i x_j \tag{6-15}$$

在分析响应面的函数拟合效果是否优质时需要引入一些评定标准。

和方差 SSE 是拟合结果与实验结果对应实验点的误差的平方和，数学表达式为：

$$SSE = \sum_{i=1}^{n} (y_i - \hat{y}_i)^2 \tag{6-16}$$

式中　　y_i——取样点输出变量值；

$\hat{y}_i$——取样点回归模型值。

SSR 是预测结果与实验结果均值之差的平方和，数学表达式为：

$$SSR = \sum_{i=1}^{n} (\hat{y}_i - \bar{y}_i)^2 \tag{6-17}$$

SST 是实验结果和均值之差的平方和，数学表达式为：

$$SST = \sum_{i=1}^{n} (y_i - \bar{y}_i)^2 \tag{6-18}$$

确定系数是通过数值来表示一个拟合结果的优质程度。确定系数的取值范围为 [0, 1]。越靠近 1，这个模型对数据拟合的也较好，数据判定也就越成功，数学表达式为：

$$R - square = \frac{SSR}{SST} = \frac{SST - SSE}{SST} = 1 - \frac{SSE}{SST} \tag{6-19}$$

通过计算得还原段出口还原气体积分数的确定系数为 0.923，还原段出口还原气体积分数的确定系数为 0.904，还原段平均压强确定系数为 0.979。

冷却气出口冷却气体积分数随冷却气出口压强增大而减小，如图 6-25 所示。图中 P7 为冷却气出口压强，P8 为还原气出口压强。在实验点选定范围内，冷却气出口冷却气体积分数受冷却气出口压强影响较大。

当炉顶压强和冷却气出口压强共同增加时，还原段压强增加的较快，如图 6-26所示。图中 P7 为冷却气出口压强，P8 为还原气出口压强。由图中数据可

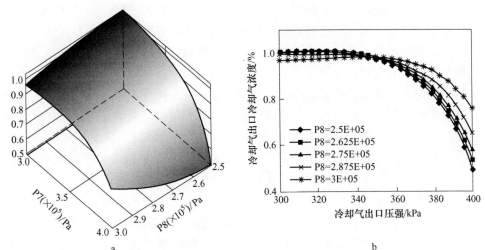

图 6-25　炉顶压力、冷却气出口压力与冷却气出口冷却气体积分数关系

a—三维曲面图；b—系列曲线图

知，还原段压强受炉顶压强和还原气出口压强影响较大。

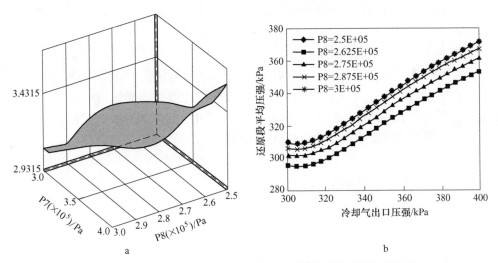

图 6-26　炉顶压力、冷却气出口压力与还原段平均压强影响关系

a—三维曲面图；b—系列曲线图

6.3.3　基于遗传算法气基竖炉流场优化

遗传算法（Genetic Algorithm），是将达尔文的自然淘汰的生物进化过程，遗传选择模拟为数学形式。20 世纪 60 年代，美国研究者所研究的自适应系统为遗传算法奠定了基础。20 年后，Goldberg 对其进行总结，遗传算法的基本框架在此时形成。遗传算法具有简单通用、鲁棒性强、适用于并行处理及应用范围广等显

著优点。遗传算法以其显著的优点奠定了 21 世纪关键智能计算之一的宝座。

在本次优化过程中将气基直接还原竖炉的炉顶压强和冷却气出口压强作为变量，用基因代表并转换成对应的编码串。还原段出口还原气体积分数、冷却气出口冷却气体积分数和还原段压强用染色体代表，因此得到一个由不同染色体的个体构成的群体。通过计算其适应度函数值来评定其个体优劣性。把直接还原竖炉还原段无冷却气混入、冷却段无还原气混入、在满足以上两个条件同时还需满足还原段还原反应所需的压强作为这个群体生存竞争的环境。满足条件的适者生存，拥有最好的机会存活并产生后代。而适者的后代随机地继承了父代的特征，并也在直接还原竖炉还原段无冷却气混入、冷却段无还原气混入、还原段还原反应所需的压强的生存环境中继续这一过程。随着这一过程不断进行，群体的染色体都将逐渐满足条件，适应环境，并且不断进化使群体更适应环境，最后进化到一组或几组最适应条件的群体，群体中的染色体即问题最优的解。通过对编码群体中的个体编码串进行选择、变异、交叉等选择来实现个体的进化，以此建立起一个迭代过程。在该迭代过程中，随机重组编码串中的一些重要基因，这样就会使得新一代的个体优于上一代的个体，使得群体中的个体不断进化，逐步接近最优值，从而达到寻求问题最优解的目的。

6.3.3.1　遗传算法的计算步骤

基于遗传算法进行 BL 气基直接还原竖炉工艺参数优化中的计算步骤如下：

（1）优化过程中将气基直接还原竖炉的炉顶压强和冷却气出口压强作为变量，用基因代表并转换成对应的编码串，编码采用二进制编码。二进制编码的长度由所需要的精度来决定。单个参数的编码长度可通过下式来求得：

$$l = \log[\,(x_{i\max} - x_{i\min})/p_{acc}\,] \tag{6-20}$$

式中　l ——变量 x 的编码长度；

$x_{i\max}$ ——参数 x 的上限；

$x_{i\min}$ ——参数 x 的下限；

p_{acc} ——所需要的求解精度。

（2）随机产生长度为 l 的染色体，构成初始种群。

（3）使用适应度函数判定直接还原竖炉还原段无冷却气混入、冷却段无还原气混入、还原段还原反应所需的压强这三个条件个体的优劣性。首先，对染色体进行解码处理，也就是将二进制字符串转换为十进制值。其次，计算目标函数的值。最后，将目标函数值转化为适应度函数值。

气基直接还原竖炉还原段无冷却气混入、冷却段无还原气混入、还原段还原反应所需的压强这三个条件化为极小化问题，所以对于某一代中第 n 个个体的适应度函数如下式：

$$g(X_i) = \frac{f(X_m) - f(X_n)}{\sum_{i=1}^{N} f(X_m) - f(X_n)} \tag{6-21}$$

式中 $f(X_n)$ ——第 n 个个体的目标函数值；

$g(X_i)$ ——第 i 个个体的目标函数值；

$f(X_m)$ ——本代中所有个体目标函数值的最大值。

（4）遗传算法计算过程中的选择是依据适应度函数值大小来判定。原则是大者被选择，小者被淘汰，然后从当前群体中选出较好的个体作为父代生产下一代个体，具体步骤如下：

1）根据式（6-21）计算出种群中个体的适应度函数值 $g(X_i)$。

2）根据式（6-22）计算出种群中个体的适应度函数值的总和。

$$G = \sum_{i=1}^{n} g(X_i) \tag{6-22}$$

3）根据式（6-23）对于种群中的个体，计算其被选择的概率 p_i。

$$p_i = \frac{g(X_i)}{G} \tag{6-23}$$

4）根据式（6-24）对于种群中的个体，计算其累积概率 q_i。

$$q_i = \sum_{j=1}^{i} p_j \tag{6-24}$$

（5）每两个个体随机产生一个交叉点，根据交叉率，将其后面的编码互换，从而产生两个新个体，新个体拥有父辈个体的特性。

（6）变异根据变异率，对选择的个体随机产生一个变异点，将其置 0（原来为 1）或置 1（原来为 0），从而产生一个新个体。变异率的取值为 0.0001~0.1。

（7）在新一代群体中，重复执行上述适应度函数的评估、选择、交叉以及变异操作，直到个体的适应度函数值不再变大，这样就完成了最优解的搜索，迭代过程结束。整个遗传算法优化过程如图 6-27 所示。

6.3.3.2 目标函数

在实际的优化设计问题中，通常会有多项设计指标要求最优化，而这些设计指标之间彼此还存在着某些关系，很难使得各项指标同时达到最优值。正如本章所研究的问题，希望三段式直接还原竖炉的还原段无冷却气混入、冷却段无还原气混入、在满足以上两个条件的同时还需满足还原段还原反应所需的压强。

在 BL 气基直接还原竖炉工艺参数优化研究中所涉及的目标函数有 3 个，即还原段出口还原气体积分数、冷却气出口冷却气体积分数和还原段压强。

还原段冷却气体积分数数学模型的实现。在还原段出口处取一截面，使截面

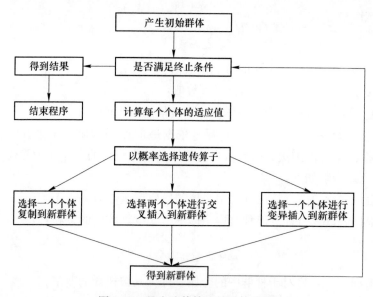

图 6-27 整个遗传算法的具体步骤

面积等于出口面积，在截面处平均取 n 个点，提取 n 个点的还原气体积分数。再对这 n 个点体积分数取平均。若这 n 个点的还原气体积分数为 1，则代表还原段的还原气体积分数为 100%，代表没有冷却气混入。数学表达式为：

$$f_1(X) = \frac{\sum_{i=1}^{n} X_i}{n} \qquad (6-25)$$

冷却段冷却气体积分数数学模型的实现。与还原段冷却气体积分数数学模型的实现相同。在冷却段出口处取一截面，使截面面积等于出口面积，在截面处平均取 n 个点，提取 n 个点的还原气体积分数。再对这 n 个点体积分数取平均。若这 n 个点的还原气体积分数为 1，则代表还原段的还原气体积分数为 100%，代表没有冷却气混入。数学表达式为：

$$f_2(X) = \frac{\sum_{i=1}^{n} X_i}{n} \qquad (6-26)$$

还原段平均压强数学模型的实现。在还原段中心处沿高度方向取一线段，线段长度为还原段高度，在线段上处平均取 n 个点，提取 n 个点的压强，再对这 n 个点数值取平均。数学表达式为：

$$f_3(X) = \frac{\sum_{i=1}^{n} X_i}{n} \qquad (6-27)$$

在气基直接还原竖炉的流场优化中的优化问题属于多目标问题，求出目标函数 $F(X') = [f_1(X'), f_2(X'), f_3(X')]$ 的完全最优解，一般难以实现。因此，在本书中采用理想点法来求出接近完全最优解的有效解。假如可以将还原段出口还原气体积分数、冷却气出口冷却气体积分数和还原段压强这三个目标函数都尽可能接近各自的理想值，就可以得到较优的非劣解。

首先，分别求出还原段出口还原气体积分数、冷却气出口冷却气体积分数和还原段压强这三个目标函数最优值 $f_i(X')$ 及对应的最优点 X'。然后，在每个目标前面加入加权因子，使同时解决 3 个目标函数的极值问题转换成为解决单目标函数的极值问题。加权因子的作用是考虑各分目标函数在重要性方面的差异。代表的目标函数越重要则加权因子数值越大。根据上述思想，构造出下面所示的目标函数：

$$\min f(X) = \min \sum_{i=1}^{3} W_i [f_i(X) - f_i(X')]^2 \tag{6-28}$$

$$W \geq 0 (i = 1, 2, 3) \quad \sum_{i=1}^{3} W_i = 1 \tag{6-29}$$

本书中，将还原段出口还原气体积分数、冷却气出口冷却气体积分数和还原段压强这 3 个目标看作同等重要，取加权因子为 1/3。

6.3.3.3 优化结果分析

图 6-28 给出了两出口气体体积分数的关系图。坐标为 (1, 1) 的圆点代表理想点，即冷却段出口冷却气体积分数为 100% 且还原段出口还原气体积分数为 100%。黑方块代表可行点，即根据响应面分析获得。

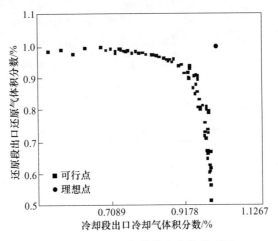

图 6-28　两出口气体体积分数关系图

从图6-28中可以看出，单考虑冷却段出口冷却气体积分数时，可以达到理想状态，但还原段出口还原气体积分数偏低，只有50%~70%左右，说明此时还原段内有较多的冷却气混入。还原段混入冷却气过多，对直接还原铁的生产会产生不利的影响。

单考虑还原段出口还原气体积分数时，也可以达到理想状态，但冷却段出口还原气体积分数偏低，说明此时有部分还原气从冷却气出口流出，如果有过多的还原气从冷却气出口流出就会造成还原气的浪费，不仅如此，还会造成还原段还原气不足，直接影响还原铁的成产状况。最优解如图6-29和表6-2所示。

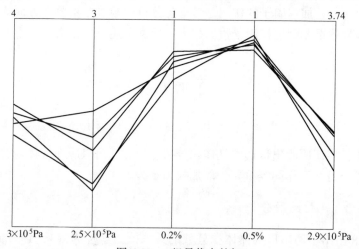

图 6-29 5 组最优点的解

表 6-2 5 组最优点

冷却气 出口压强	还原气 出口压强	还原气 出口体积分数	冷却气 出口体积分数	还原段 平均压强
344500	260406.25	0.773892321	0.987030146	315768
352500	258843.75	0.841072679	0.969765099	321782
354500	271343.75	0.853917348	0.965676237	329418
358500	268218.75	0.876165635	0.953536225	330229
349500	277593.75	0.819116314	0.97683917	329256

以下是提取三次具有代表意义的模拟结果，分别是当炉顶压强过大的情况，炉顶压强过小的情况，优化后的结果。气基直接还原竖炉的还原气和混合气均为混合气体，为研究方便，将还原气的组分统称为还原气，冷却气的组分统称为冷却气。如图6-30所示，下部区域为冷却气，上部区域为还原气，中间的过渡区域为冷却气和还原气的混合状态。当炉顶压强过小时，有部分冷却气混入还原段，如图6-30a所示。当炉顶压强过大时，还原气较少的从炉顶流出，大部分从

冷却气出口流出，如图 6-30b 所示。优化后，仅有较少部分还原气混入冷却气出口，如图 6-30c 所示。

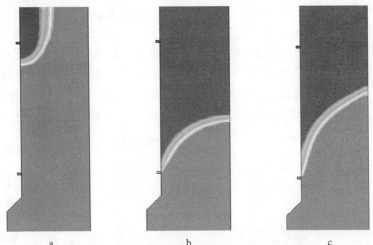

图 6-30 直接还原竖炉内气体体积分数分布云图
a—炉顶压强过小；b—炉顶压强过大；c—优化后结果

图 6-31 为气基直接还原竖炉内气流分布矢量图，下部区域里的箭头方向代表冷却气运动方向，上部区域的箭头方向代表还原气运动方向，中间过渡区域的箭头反方向为冷却气和还原气的混合气运动方向。

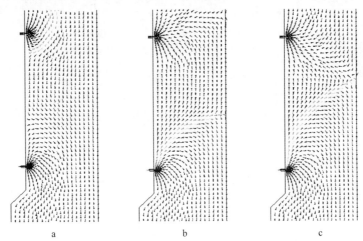

图 6-31 气基直接还原竖炉内气流分布矢量图
a—炉顶压强过小；b—炉顶压强过大；c—优化后结果

当炉顶压强过小时，冷却气无法从冷却气出口流出，而是从炉顶流出，如图 6-31a 所示。冷却气流经还原段破坏还原段气氛，降低还原段温度，使还原无法正常运行。当炉顶压强过大时，还原气较少的从炉顶流出，大部分从冷却气出口流出，如图 6-31b 所示。这样就造成还原气的浪费，还原段没有足够的还原气，最终使气基直接还原竖炉无法正常运行。优化后，仅有较少部分还原气混入冷却气出口，如图 6-31c 所示。避免了前面两种情况的问题，得到了合理的工艺参数。图 6-32 为气基直接还原竖炉内气流分布速度云图。由图 6-32 可以看出，当炉顶压强过小时，还原和过渡段气流速度较大。原因是有冷却气为过渡段和还原段增加了气体总量。当炉顶压强过大时，还原段气流速度较小，过渡段气流速度较大。原因是有还原气为过渡段增加了气体总量，而过渡段气体减小。优化后，过渡段气流速度减小。原因是还原气大部分进入还原段，冷却气都从冷却气出口流出。

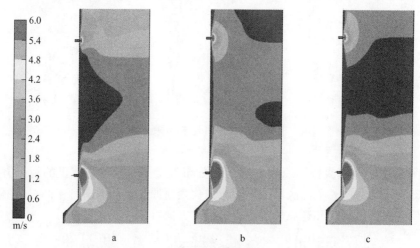

图 6-32　直接还原竖炉内气流分布速度云图

a—炉顶压强过小；b—炉顶压强过大；c—优化后结果

7 气基直接还原竖炉布料过程仿真分析

气基直接还原竖炉类似于高炉上部块状带。高炉中通过改变布料操作、改善炉料品质和调整下部送风来控制炉内流场,但气基直接还原竖炉中不具有风口回旋区,改变还原气进气制度基本无法调节控制竖炉内的还原气流场。因此,布料操作对竖炉炉内流场具有决定性作用。

由于竖炉内空隙率分布直接受到由布料操作引起的物料分布和颗粒偏析的影响,而空隙率直接影响竖炉内的还原气分布。若竖炉内空隙率分布不合理则会导致还原气流场分布不合理,还原气化学能和热能利用率将会降低,从而影响生产效率甚至影响竖炉正常生产的进行。气基直接还原竖炉使用的炉顶布料装置主要为分配管布料器、挡板布料器和溜槽布料器。其中,分配管布料装置成本低,适用于小炉径的竖炉,但其基本上无法调整炉料的分布,只能任其落在固定的区域。因此,使用此种布料方法的竖炉对炉料的粒度分布要求十分严格,且无法通过调节颗粒的分布从而影响空隙率分布,最终达到调节竖炉内流场的作用。此外,随着产量要求提高,竖炉炉径不断地增大,竖炉内流场将会发生边缘效应,影响竖炉的正常生产,分配管布料方式无法有效解决此问题。

7.1 离散单元法

通过实验和理论计算对竖炉内颗粒运动进行研究仅能得到宏观上颗粒流运动的信息,甚至实验仅能对其进行定性分析难以对其进行定量分析。传统数值仿真研究气固两相流的方法如 Euler-Euler 法中双流体模型将固相看做连续的拟流体,与真实的物理情况不符,因此具有一定的局限性。而离散单元法为显式求解方法,其直接求解离散的颗粒,与其他方法相对比,离散单元法不存在将固相假设为连续流体,且可得到颗粒的微观信息,甚至可得到任意一颗颗粒的信息。因此,通过离散单元法和计算流体动力学耦合是研究离散的固相与连续相耦合流动的前沿和热点方法,受到广大研究者的青睐。

在颗粒系统中,颗粒的运动可以通过牛顿第二定律进行确定。颗粒系统中颗粒的运动被分为:颗粒的平移运动和颗粒的旋转运动。模型计算中,颗粒可能与周围的其他颗粒或几何体壁发生碰撞,与周围的流体发生相互作用、交换能量和动量,这些都被定义为颗粒内部接触模型,如图 7-1 中颗粒接触模型所示。颗粒接触模型分别由法向方向的弹簧和阻尼器,切向方向的弹簧、阻尼器和滑动器组成。因此，流固两相的离散元-计算流体动力学耦合求解分为三部分：离散相求解、连续相求解和两相间的耦合。

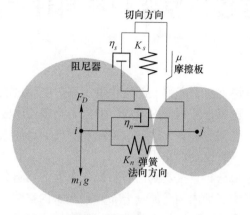

图 7-1 颗粒接触模型

离散单元法（Discrete Element Method）由 Cundall P. A. 提出，随着离散单元法的发展，其现已成为对颗粒运动行为模拟的最有效和可靠的方法之一。在对炼铁的相关研究中，很多对颗粒运动的数学仿真研究都是基于离散单元法进行，并且其模拟的结果与实验和工业操作结果基本一致。

在任意时刻，考虑每一个颗粒受力作用后产生的运动，根据牛顿第二定律可得到颗粒 i 的运动方程：

$$m_i \frac{\mathrm{d}v_i}{\mathrm{d}t} = F_{pf,i} + \sum_{j=1} (F_{n,ij} + F_{t,ij}) + m_i g \tag{7-1}$$

$$I_i \frac{\mathrm{d}\omega_i}{\mathrm{d}t} = \sum_{j=1} (T_{t,ij} + T_{r,ij}) \tag{7-2}$$

式中　m_i——颗粒质量，kg；

　　I_i——颗粒的转动惯量，kg·m^2；

　　ω_i——颗粒的角速度，rad/s；

　　v_i——颗粒的线速度，m/s；

　　$F_{n,ij}$——法向接触力，N；

　　$F_{t,ij}$——切向接触力，N；

　　$F_{pf,i}$——流体对颗粒的力，N；

　　$T_{t,ij}$——颗粒在质心处的切向力矩，N·m；

　　$T_{r,ij}$——颗粒在质心处的滚动摩擦力矩，N·m。

此处采用 Hertz-Mindlin 无滑动接触模型。颗粒 i 与 j 相互碰撞时，颗粒 i 碰撞受力方程为：

$$F_{\text{contracct}} = F_n + F_t \tag{7-3}$$

如图 7-1 所示，通过阻尼器和弹簧的综合作用代替了颗粒在法向的接触过程。其中，材料的法向恢复由阻尼器代替，而材料的法向刚度（杨氏模量）由弹簧代表，因此方向接触力 F_n 可表示为：

$$F_n = - K_n d_n - N_n v_n \tag{7-4}$$

式中 K_n——法向刚度，$K_n = \dfrac{4}{3} E_{\text{eq}} \sqrt{d_n r_{\text{eq}}}$，N/m；

N_n——法向阻尼，$N_n = \sqrt{(5 K_n m_{\text{eq}})} N_{\text{ndamp}}$；

v_n——在接触点表面速度的法向分量，m/s。

与法向相似，由阻尼器、摩擦板和弹簧的综合作用代替了颗粒在切向的接触过程。其中，材料的切向恢复由阻尼器代替，而切向刚度（杨氏模量）由弹簧代表，摩擦力由摩擦板代替，切向接触力 F_t 可表示为：

$$F_t = \begin{cases} - K_t d_t - N_t v_t & |K_t d_t| < |K_n d_n| C_{fs} \\[2mm] \dfrac{|K_n d_n| C_{fs} d_t}{|d_t|} & |K_t d_t| > |K_n d_n| C_{fs} \end{cases} \tag{7-5}$$

式中 K_t——切向刚度，$K_t = 8 G_{\text{eq}} \sqrt{d_n r_{\text{eq}}}$，N/m；

N_t——切向阻尼，$N_t = \sqrt{(5 K_t m_{\text{eq}})} N_{\text{tdamp}}$；

d_n——颗粒在法向接触点的重叠量，m；

d_t——颗粒在切向接触点的重叠量，m；

v_t——在接触点表面速度的切向分量，m/s。

式（7-4）和式（7-5）中的阻尼系数为：

$$N_{\text{damp}} = \begin{cases} 1 & C_{fs} = 0 \\[2mm] \dfrac{- \ln(C_{fs})}{\sqrt{\pi^2 + \ln(C_{fs})^2}} & C_{fs} \neq 0 \end{cases} \tag{7-6}$$

等效杨氏模量为：

$$E_{\text{eq}} = \dfrac{1}{\dfrac{1 - \nu_i^2}{E_i} + \dfrac{1 - \nu_j^2}{E_j}} \tag{7-7}$$

式中 E——颗粒的杨氏模量，N/m²；

ν——颗粒的泊松比。

颗粒等效质量为：

$$m_{\text{eq}} = \dfrac{1}{\dfrac{1}{m_i} + \dfrac{1}{m_j}} \tag{7-8}$$

颗粒等效半径为：

$$r_{eq} = \frac{1}{\dfrac{1}{r_i} + \dfrac{1}{r_j}} \tag{7-9}$$

当颗粒与壁面发生碰撞时，将其近似为两颗粒之间的碰撞，将壁面的质量和半径视为无穷大，即 $m_{wall} = \infty$、$r_{wall} = \infty$，此时等效质量为 $m_{eq} = m_{particle}$，等效半径为 $r_{eq} = r_{particle}$。

颗粒运动过程所受力矩主要为滚动摩擦力矩和切向力矩。

滚动摩擦力矩为：

$$T_r = - \mu_r \mid F_{n,ij} \mid \frac{\omega_i}{\mid \omega_i \mid} \tag{7-10}$$

式中　μ_r——滚动摩擦系数。

切向力矩为：

$$T_t = r_i \times F_{contract} \tag{7-11}$$

7.2　模型仿真

本章研究的主要目的是得到挡板布料器与溜槽布料器在不同操作条件下对竖炉内球团矿颗粒分布、颗粒偏析和空隙率分布的影响规律。因此，为减少计算需求在保证得到合理结果的情况下，建立竖炉炉顶布料器的简化模型。挡板布料器与溜槽布料器的三维模型如图 7-2 所示。挡板布料系统由料仓、溜槽和挡板组成。溜槽布料器由料仓、料管和溜槽组成。实际生产中，竖炉内部存在大量球团颗粒，为贴近真实布料情况并减少计算量，竖炉内预先装入一部分球团矿颗粒作为料层。

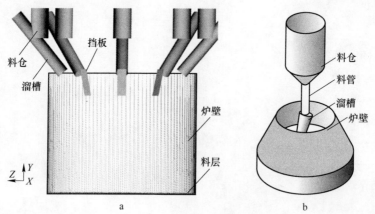

图 7-2　布料器的三维模型

a—挡板布料器；b—溜槽布料器

模拟计算中所需的材料参数，见表7-1。

表 7-1 模拟计算参数表

参 数	颗 粒	炉壁和布料器
密度/kg·m^{-3}	3425	7850
剪切模量/Pa	1×10^7	7.9×10^{10}
泊松比	0.25	0.3
静摩擦系数	0.5	0.4
滚动摩擦系数	0.02	0.05
恢复系数	0.2	0.5
时间步长/s	—	10^{-5}

实际生产中，炉顶气流会对炉顶布料产生一定的影响，本章主要研究目的为得到挡板布料器和溜槽布料器不同操作条件下，布料结果的变化规律。因此，在本章中不考虑炉顶气流对布料结果的影响。实际生产中竖炉装入的颗粒数量级为千万级，且粒度分布范围较大，若按照实际生产条件进行模拟几乎无法完成。为解决类似问题，扩大颗粒粒径和统一粒径分布被广泛应用于离散单元法建模中。因此，颗粒粒径通过筛选测量进行统一，且颗粒的粒径被放大，表7-2给出了颗粒粒径的分布。

表 7-2 颗粒粒径分布

参 数	大（Large）	中（Middle）	小（Small）
粒径/mm	48	36	24
质量分数/%	33	33	33

7.2.1 挡板布料器

开始布料操作后，混合均匀的球团矿由料仓进入布料器，通过布料装置进入竖炉中。观察溜槽内颗粒的分布和运动情况，如图7-3所示。图7-3a为溜槽内大、中、小三种颗粒的分布。可以发现随着颗粒流在溜槽内的运动，颗粒流的颗粒偏析越发明显，小颗粒在颗粒流底部聚集，大颗粒大多在颗粒流上层。其原因为小颗粒较大颗粒具有更好的渗透性。图7-3b为溜槽内颗粒的速度矢量图，可发现随着颗粒流在溜槽内运动，颗粒流底层的运动速度小于颗粒流上层的速度，并且速度差值逐渐增大。其原因为颗粒流在溜槽内受到的阻力主要为溜槽底部对颗粒流的摩擦力，这导致接触溜槽壁的颗粒速度较小，颗粒流表面的颗粒速度较大。

布料完成后，为得到颗粒沿圆周各方向上的分布，沿径向方向设置一系列大

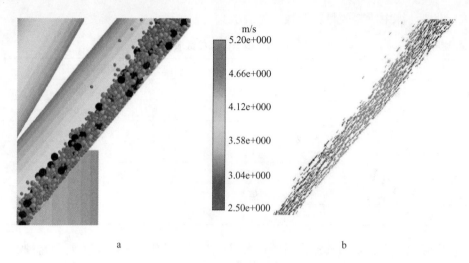

a　　　　　　　　　　　　　　　　　b

图 7-3　溜槽内颗粒的分布和运动情况

a—溜槽内颗粒分布；b—溜槽内颗粒的速度矢量分布

小一致的长方体，测量长方体内不同粒径的颗粒重量。坐标方向 0°、45°、90°、135°、180°、225°、270°和 315°位于溜槽出口正下方，坐标方向 22.5°、67.5°、112.5°、157.5°、202.5°、247.5°、292.5°和 337.5°位于溜槽之间。

图 7-4 为挡板角度为 75°、料线高度为 4m 时，颗粒的质量分布。由图可知，

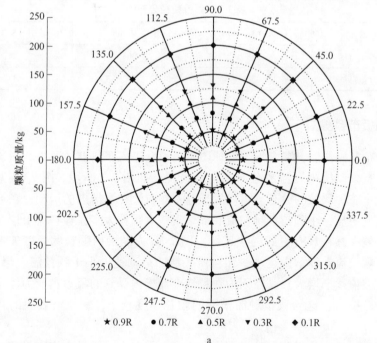

a

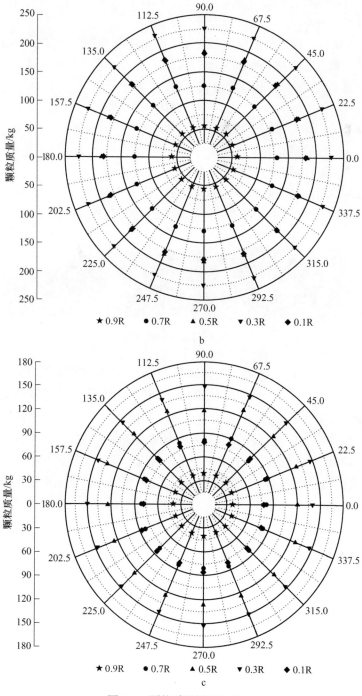

图 7-4 颗粒质量沿径向分布

a—小颗粒；b—中颗粒；c—大颗粒

在竖炉中各方向颗粒的质量分布基本一致，因此，取样区域内的平均质量代表颗粒沿径向的质量分布。

图 7-5 为布料完成后料堆纵向截面图。图中底部为预装料层。可清晰看出小颗粒在心部聚集，其余部分颗粒分布较为均匀。为更直观地分析颗粒偏析规律，引入颗粒分离系数（SI），其计算公式见式(7-12)。

$$SI_k = \frac{FMS_k}{IMS_k} \tag{7-12}$$

式中　FMS——每种颗粒的最终质量分数；

$\quad\quad IMS$——每种颗粒的初始质量分数；

$\quad\quad k$——不同粒径的颗粒，如大、中和小颗粒分别用 L、M 和 S 代表。

若 SI 大于 1 时，说明此位置处颗粒聚集，反之亦然。

图 7-5　料堆纵向截面图

图 7-6 为 SI 沿径向的变化曲线。其中，r/R 为取样位置距竖炉中心处的距离 r 与竖炉半径 R 之比，即代表取样位置在竖炉径向的位置。SI_L 沿径向的变化趋势为先增大后轻微波动；SI_M 的变化趋势与 SI_S 基本完全相反，SI_M 沿径向变化的总体趋势为开始先增大后减小。其原因为，由于在溜槽内颗粒的偏析现象，当颗粒流与溜槽出口处挡板碰撞时，主要由处于颗粒流上层的大颗粒和中颗粒与挡板发生碰撞。碰撞后速度方向发生变化的颗粒与处于底层的部分小颗粒发生碰撞，造

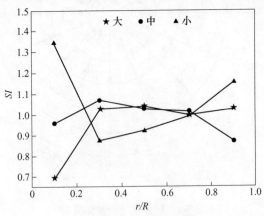

图 7-6　SI 沿径向的分布

成其向炉壁方向运动，但有部分小颗粒穿过大的颗粒，从而向竖炉心部运动。因此，造成竖炉内中心处和炉壁处小颗粒聚集。

竖炉内布料操作研究的主要目的是控制料层空隙率的分布。因此，通过计算每个计算单元内颗粒的总体积和计算单元体积间接得到每个计算单元内的空隙率，其计算公式为：

$$\varepsilon = 1 - \frac{\sum_{i=1}^{N} V_i}{\Delta V} \tag{7-13}$$

式中　ε——计算单元空隙率；

　　V_i——计算单元内第 i 个颗粒的体积，m^3；

　　ΔV——单位计算体积，m^3。

考虑到布料前已装入一层底料（厚度约 0.1m），为防止预装颗粒影响计算结果，料堆空隙率的取样截面分别取在距料堆底部 0.15m 和 0.25m 处，空隙率的分布如图 7-7 所示。

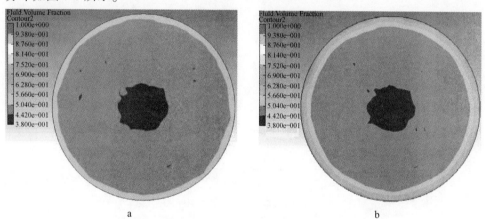

图 7-7　距底面不同高度的截面处空隙率分布

a—0.15m；b—0.25m

由图中分布情况可知，料层内由中心向炉壁处空隙率逐渐增大，且沿各方向空隙率分布基本一致（需说明，计算单元空隙率与理论计算空隙率不同，但其相对变化趋势一致）。此外，空隙率分布随不同截面高度的变化规律为随着距底部的高度增加空隙率略有增大，但沿径向变化规律基本一致。其原因为小颗粒具有较好渗透性，更容易渗透到料堆底部。为定量分析竖炉内空隙率沿径向的分布规律，在竖炉内设置一系列宽度一致的圆环体，通过不同圆环内颗粒所占体积与圆环内料堆形状体积计算竖炉内料层空隙率沿径向的分布，其计算公式为：

$$\varepsilon = \frac{V_1 - V_2}{V_1} \tag{7-14}$$

式中　V_1——圆环内料堆形状体积，m^3；

　　　V_2——圆环内颗粒所占体积，m^3。

通过测量圆环体内不同粒径的颗粒的总重量，计算颗粒所占体积。圆环内料堆形状体积则根据料堆截面形状拟合其形状公式，然后对其形状公式进行积分得到圆环内料堆形状体积，其计算公式为：

$$V_1 = 2\pi \int_{r_1}^{r_2} r \cdot f(r) \, dr \tag{7-15}$$

式中　r_1——取样圆环内径，m；

　　　r_2——取样圆环外径，m；

　　$f(r)$——料堆截面的形状公式。

图 7-8 为计算所得竖炉内料层空隙率沿径向的分布。对比图 7-7 可发现，两种计算空隙率分布方法所得到的空隙率沿径向的变化规律基本一致，都是由中心向炉壁处空隙率逐渐增大。

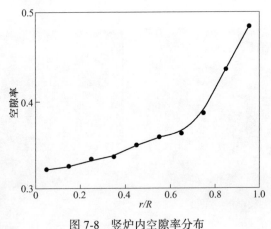

图 7-8　竖炉内空隙率分布

7.2.2　溜槽布料器

布料操作开始前，竖炉料仓内首先装入均匀混合后的球团矿颗粒。当球团矿颗粒在重力作用下基本达到静止后，料仓底部的阀门打开，此时溜槽开始转动。最终，当料仓内所有的球团矿颗粒全部经布料器进入竖炉内，并达到宏观静止状态时，布料操作结束。

本研究中暂不考虑溜槽的转速对布料结果的影响，设定溜槽转速为常量 0.523r/s。当溜槽角度为 20°、料线高度为 4m 时，布料完成后料堆剖面如图 7-9 所示。

由图中的颗粒分布情况可知，小颗粒在竖炉中心处聚集严重，而大颗粒大多集中在靠近炉壁处。其原因为颗粒流在溜槽内发生偏析，小颗粒大多聚集在靠近

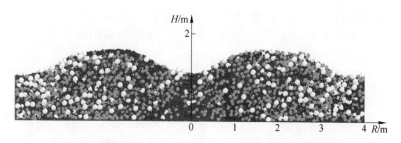

图 7-9 料堆剖面图（溜槽角度为 20°、料线高度为 4m 时）

溜槽壁处，而大颗粒大多在料流上表面处，这造成大颗粒的平均速度大于小颗粒的平均速度，并且料流撞击在料堆上时，大颗粒的撞击位置更靠近炉壁方向，而小颗粒更偏向竖炉中心。此外，由于大颗粒平均速度较大，其具有较大的向炉壁方向运动的能力，因此，大颗粒大多集中在靠近炉壁处；而小颗粒具有更好的渗透性，且速度较慢，因此造成小颗粒在竖炉中心处聚集严重。

布料完成后竖炉内沿径向 SI 和料堆单位面积质量分布，如图 7-10 所示。其中，料堆单位面积质量分布可作为料堆形状计算时的参考。

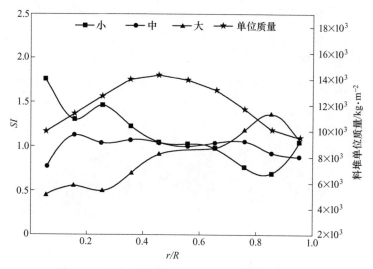

图 7-10 竖炉内沿径向 SI 和料堆单位面积质量分布

由图中数据可以看出，每种颗粒的 SI 沿径向分布的趋势都不相同。SI_S 整体变化趋势为沿竖炉径向逐渐减小；SI_M 的变化趋势为先增大后基本保持不变；SI_L 的变化趋势基本与 SI_S 相反。

图 7-11 为竖炉内空隙率沿径向的分布。空隙率沿径向分布在竖炉中心处减小，中部处轻微波动，在靠近炉壁处增大，最后减小。分析挡板布料器和溜槽布料器布料完成后空隙率分布，发现竖炉内的空隙率分布并不是均匀的，且空隙率

的分布变化趋势与三种颗粒偏析分布（*SI* 分布）的变化趋势均不一致。由此可知，单纯研究不同布料操作对竖炉内颗粒偏析分布的影响规律具有一定的局限性，并不能直接为竖炉实际生产提供理论参考。

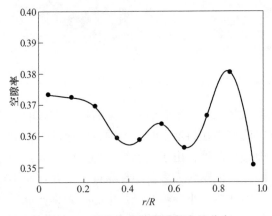

图 7-11 竖炉内空隙率沿径向的分布

7.3 结果与分析

7.3.1 布料器挡板角度

分别研究挡板布料器挡板角度为 75°、80° 和 85° 情况下竖炉内的布料结果，其中挡板角度为挡板与水平方向所夹锐角。不同挡板角度下空隙率和 *SI* 沿径向分布如图 7-12 所示。

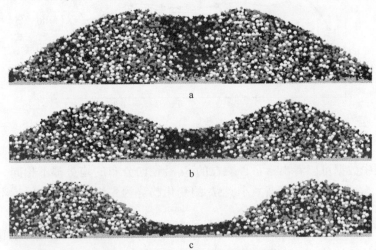

图 7-12 不同挡板角度下料堆的截面

a—75°；b—80°；c—85°

　　由图 7-12 可以看出，随着挡板角度逐渐增大，料堆峰部逐渐向竖炉边部移动，心部小颗粒数量比增大。其原因是料流的撞击位置随挡板角度的增大而逐渐向炉壁处运动，这也造成料堆的高度随着挡板角度的增大而减小。

　　为研究不同挡板角度下空隙率和 SI 的分布规律，计算不同挡板角度下空隙率和 SI 沿径向的分布，结果如图 7-13 和图 7-14 所示。随着挡板角度增大，中心区域 SI_S 随之增大，边部处 SI_S 略有增大，中间部分 SI_S 减小，SI_L 和 SI_M 变化规律与之相反。其原因是随着挡板角度增大，颗粒与挡板之间的碰撞加剧，从而造成小颗粒在中心和边部处聚集，其余颗粒则在中间部分聚集；同时，料堆的堆峰与炉壁间的料堆坡度随挡板角度的增大而减小，其造成大颗粒向炉壁方向的运动趋势相对减弱，因此炉壁处 SI_L 减小。而相应的空隙率变化规律为中心区域空隙率增大，其余区域的料层空隙率略有减小。

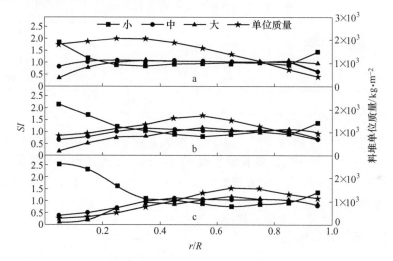

图 7-13　不同挡板角度下料堆单位面积质量和每种颗粒的 SI 分布

a—75°；b—80°；c—85°

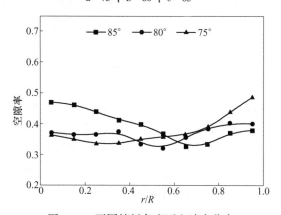

图 7-14　不同挡板角度下空隙率分布

为分析空隙率分布的均匀程度，分别计算出不同挡板角度下空隙率的标准偏差，其结果见表 7-3。

表 7-3　不同挡板角度下空隙率的标准偏差

75°	80°	85°
0.048811951	0.026361227	0.049873903

由表中数据可知，当挡板角度为 85°时，竖炉内料层空隙率的分布最不均匀；而当挡板角度为 80°时，竖炉内料层的空隙率分布最均匀。为研究竖炉内空隙率分布的均匀程度与颗粒偏析之间的关系，分别计算不同挡板角度下 SI 的标准偏差，其结果见表 7-4。

表 7-4　不同挡板角度下 SI 的标准偏差

项　目	75°	80°	85°
SI_L	0.2172	0.2974	0.3649
SI_M	0.1423	0.1718	0.2593
SI_S	0.3086	0.4388	0.6278

结合表中数据可以看出，不同的挡板角度下 SI_S 的标准偏差均是最大的，而 SI_M 的标准偏差则是最小的。颗粒偏析程度与挡板角度成正比，即随着挡板角度增大，三种颗粒的颗粒偏析越来越严重。此外，对比表 7-3 和表 7-4 中的数据可以发现，颗粒偏析变化规律与空隙率变化规律并不完全一致。

7.3.2　挡板布料器料线高度

分别研究挡板布料器的料线高度为 4m、5m 和 6m 情况下竖炉内的布料结果。不同挡板角度下的空隙率和 SI 沿径向的分布如图 7-15 和图 7-16 所示。观察不同料线高度下布料的结果可发现，随着料线高度逐渐增加，料堆峰部逐渐向心部移动，但料堆整体形状变化不大，颗粒分布的变化极小，但中心部分的空隙率变化明显，而其他部分的变化则较小。随着料线高度的增大，中心区域内小颗粒聚集略有减弱，其他尺寸颗粒略有增加，中心区域处空隙率明显减小，其他区域内颗粒分布变化较中心区域变化明显，但相应的空隙率变化却较小。

不同料线高度下空隙率的标准偏差结果，见表 7-5。在当前条件下，随着料线高度增加，料层空隙率标准偏差逐渐减小，这意味着竖炉内空隙分布随着料线高度增加而变得更加均匀。其原因是增大挡板布料器的料线高度会减小竖炉中心处空隙率，增大炉壁处空隙率，而当前条件下料线高度为 4m 时竖炉内空隙率分布为心部大边部小，因此竖炉内空隙分布随着料线高度增加而变得更加均匀。

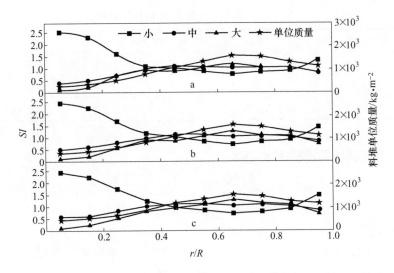

图 7-15 不同料线高度下料堆单位面积质量和每种颗粒的 SI 分布

a—4m；b—5m；c—6m

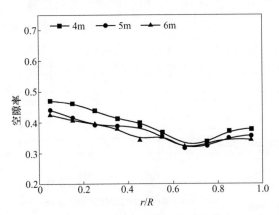

图 7-16 不同料线高度下空隙率分布

计算不同料线高度下 SI 的标准偏差，其结果列于表 7-6。从表中数据可以发现，SI_L 的标准偏差随着料线高度的增大而增大，而 SI_M 的标准偏差变化规律与之相反，这意味着大颗粒的颗粒偏析现象随着料线高度增大而变得更加严重，而中颗粒的颗粒偏析现象减弱。此外，SI_S 的标准偏差先减小后增大。

表 7-5 不同料线高度下空隙率的标准偏差

4m	5m	6m
0.049873903	0.039781852	0.035777414

表 7-6　不同料线高度下 SI 的标准偏差

项　目	4m	5m	6m
SI_L	0.3649	0.3893	0.4091
SI_M	0.2593	0.2181	0.2094
SI_S	0.6278	0.6091	0.6200

7.3.3　挡板布料器颗粒质量比

实际生产中，不同尺寸的颗粒之间的质量比例不可能完全相同（即小：中：大=1：1：1）。因此，应该对不同尺寸的颗粒之间的质量比例对竖炉内空隙率的影响进行研究。

在不同的颗粒质量比条件下空隙率和 SI 沿径向分布，如图 7-17 和图 7-18 所示。由图可以看出，不同颗粒质量比条件下料堆的形状没有明显变化，但可以明显看出当小颗粒质量比增大时，竖炉中心料堆处基本全部由小颗粒所组成。当小颗粒所占比例增多时中心处 SI_S 减小，但竖炉中心处料层颗粒组成中小颗粒所占质量比增大，且 SI_S 变化趋势趋向于平稳。不同颗粒质量比对竖炉中心处的空隙率影响较大，当小颗粒的颗粒质量比最大时，此时相当于等径颗粒群随机填充，因此中心处空隙率最大。此外，其他位置空隙率受不同颗粒质量比变化的影响较小。

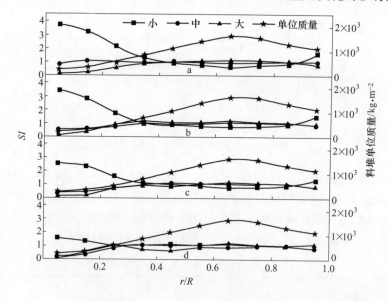

图 7-17　不同颗粒质量比下料堆单位面积质量和每种颗粒的 SI 分布

a—大：中：小=3：1：1；b—大：中：小=1：3：1；

c—大：中：小=1：1：1；d—大：中：小=1：1：3

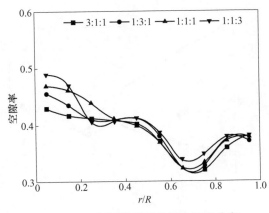

图 7-18 不同颗粒质量比下空隙率分布

7.3.4 溜槽布料器溜槽角度

分别研究溜槽布料器溜槽角度为 10°、20° 和 30° 情况下竖炉内的布料结果，其中溜槽角度为溜槽与竖直方向所夹的锐角。不同溜槽角度下的料堆单位质量、每种颗粒的 SI 和空隙率分布如图 7-19 和图 7-20 所示。

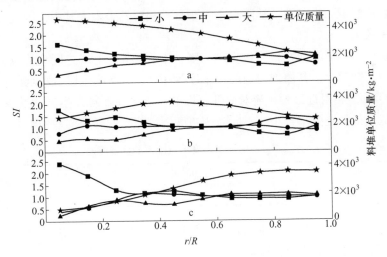

图 7-19　不同溜槽角度下料堆单位面积质量和每种颗粒的 SI 分布
a—10°；b—20°；c—30°

由图 7-19 可以发现，随着溜槽角度的增加料堆堆峰向炉壁处移动且料堆高度明显减小，其原因是随着溜槽角度的增加，料流的撞击位置向炉壁处移动。竖炉心部处 SI_S 和空隙率随着溜槽角度的增加而增大，而心部处 SI_L 和 SI_M 随之减小。分析图 7-19b、c 和图 7-20 可以发现，当某一位置处 SI_S 和 SI_L 之间的差值较大时，

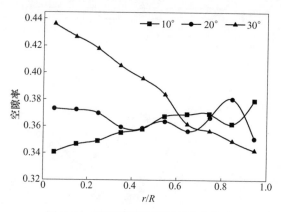

图 7-20　不同溜槽角度下空隙率分布

此处空隙率较大，而当两者差值较小时，空隙率也较小。其原因为小颗粒具有较好的渗透性，其容易进入由其他颗粒形成的缝隙中，而这会造成空隙率降低。因此，当 SI_S 和 SI_L 之间差值较大，且 SI_L 大于 SI_S 时，由大颗粒和中颗粒所组成的缝隙数量增加，而能进入这些缝隙的小颗粒数量减少，这造成此处空隙率较大。此外，当 SI_S 和 SI_L 之间差值较大，且 SI_S 大于 SI_L 时，此区域处的缝隙主要由小颗粒和中颗粒所组成，由于此类缝隙较小，小颗粒相对较难渗入其中，因此会造成此处空隙率较大。

对比图 7-19a 和图 7-20 可以发现，竖炉中心处 SI_S 和 SI_L 之间差值较大，但此处的空隙率却较小，其原因为当溜槽角度为 10°时，颗粒流撞击料堆的位置大约在 (0.1~0.2)R 附近，颗粒流对此处料堆的冲击会使颗粒发生振动并重新排列，从而造成此处的空隙率较小。不同溜槽角度下空隙率的标准偏差列于表 7-7。

表 7-7　不同溜槽角度下空隙率的标准偏差

10°	20°	30°
0.0119	0.0090	0.0339

当溜槽角度增大时，空隙率的标准偏差先减小后增大。当溜槽角度为 20°时，料层内空隙率分布最均匀，这意味着竖炉内气流分布相对较均匀。计算不同溜槽角度下 SI 的标准偏差，其结果列于表 7-8。

表 7-8　不同溜槽角度下 SI 的标准偏差

项　目	10°	20°	30°
SI_L	0.2795	0.3044	0.2854
SI_M	0.0875	0.1030	0.2504
SI_S	0.2851	0.3187	0.4946

由表中数据可以发现，不同的溜槽角度下 SI_S 的标准偏差都是最大的，而 SI_M 的标准偏差则是最小的。随着溜槽角度增大，SI_L 的标准偏差先增大后减小，而 SI_S 和 SI_M 的标准偏差随溜槽角度增大而增加。

7.3.5 溜槽布料器料线高度

不同料线高度 4m、5m、6m 下的料堆单位质量、每种颗粒的 SI 和空隙率分布被计算并列于图 7-21 和图 7-22 中。

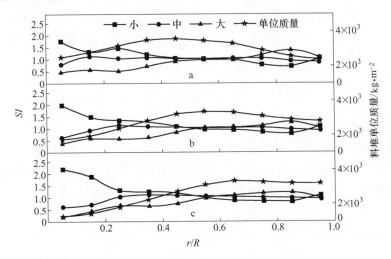

图 7-21　不同料线高度下料堆单位面积质量和每种颗粒的 SI 分布

a—4m；b—5m；c—6m

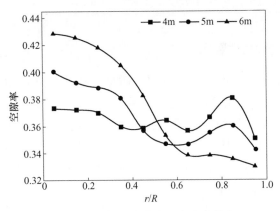

图 7-22　不同料线高度下空隙率分布

由图中数据可以发现，当料线高度增大时料堆堆峰随之向炉壁处移动。其原因是随着料线高度的增加，料流撞击位置向炉壁处移动。炉壁附近的 SI_L 随料线高度的增加而减小，而 $(0.6\sim0.8)R$ 处的 SI_S 随料线高度的增加而增大。其原因为，随着料线高度的增加，料堆堆峰与炉壁之间的坡度变得更平缓。这导致大颗粒向炉壁方向滚动的趋势减小，从而造成此结果。此外，竖炉中心处 SI_S 与 SI_L 之间差值和空隙率随着料线高度的增加而增大，而炉壁处 SI_S 与 SI_L 之间差值和空隙率随着料线高度的增加而减小。

表 7-9 为不同料线高度下空隙率的标准偏差。当料线高度增大时，空隙率的标准偏差随之增大。其原因为增大溜槽布料器的料线高度会造成竖炉中心处空隙率增大，而炉壁处空隙率减小，而当前条件下料线高度为 4m 时竖炉内空隙率分布较为均匀，因此增大料线高度会造成空隙率的标准偏差随之增大。

表 7-9 不同料线高度下空隙率的标准偏差

4m	5m	6m
0.0090	0.0214	0.0408

计算不同料线高度下 SI 的标准偏差，其结果列于表 7-10。由表中数据可以发现，不同料线高度下 SI 的标准偏差的变化规律与不同溜槽角度下 SI 的标准偏差的变化规律基本一致，即颗粒偏析随着料线高度的增加而增大。

表 7-10 不同料线高度下 SI 的标准偏差

项　目	4m	5m	6m
SI_L	0.3044	0.2932	0.3341
SI_M	0.1030	0.1417	0.1658
SI_S	0.3187	0.3644	0.4547

7.3.6 溜槽布料器颗粒质量比

不同颗粒质量比例条件下的料堆单位质量、每种颗粒的 SI 和空隙率分布如图 7-23 和图 7-24 所示。由图中数据可以发现，不同的颗粒质量比例条件下，料堆形状基本一致。当小颗粒所占质量比例大时，竖炉中心部分基本全部为小颗粒，而当大颗粒所占质量比例大时，竖炉炉壁处大颗粒所占比例明显增多。不同的颗粒之间的质量比例下，中间区域处每种颗粒的 SI 变化趋势基本一致，而竖炉中心处空隙率随小颗粒所占的质量比例增加而增大。当颗粒之间的质量比例为小：中：大＝3：1：1 时，竖炉心部处空隙率最大。其原因为此时竖炉中心处基本上全部由小颗粒组成，缝隙也主要由小颗粒之间形成。

综合对比分析上述研究中不同情况下空隙率、颗粒分布及其标准偏差，可以发现空隙率的分布与颗粒分布之间并无直接联系，空隙率及其标准偏差在不同影

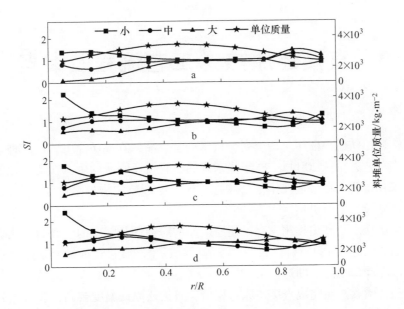

图 7-23 不同颗粒质量比下料堆单位面积质量和每种颗粒的 SI 分布

a—小:中:大=3:1:1; b—小:中:大=1:3:1;

c—小:中:大=1:1:1; d—小:中:大=1:1:3

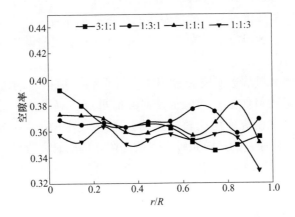

图 7-24 不同颗粒质量比下空隙率分布 (小:中:大)

响因素下的变化规律与三种颗粒的分布及其标准偏差的变化规律均不完全一致。当某一位置处大颗粒所占质量比与小颗粒所占质量比之间的差值较大时，此处空隙率较大，而当两者的差值较小时，空隙率也较小。

8 直接还原热送工艺流程及装备

直接还原铁已被证明是传统高炉铁水的替代品，直接还原工艺是一种非常有效的生产工艺，自从 20 世纪 90 年代末开始，直接还原铁的生产在地区经济中的地位越来越重要。在最近几年，全球直接还原铁产量的增长率达到 9%，直接还原铁生产增长的潜力仍然巨大。

与生产铁水的高炉相比，直接还原生产的海绵铁是固态的、高金属化率且温度接近 600℃ 或更高的原料。如果在炼钢厂附近生产直接还原铁，则热的直接还原铁可以在冷却之前立即进行工艺处理。这意味着可以节约大量能源，也是非常重要的经济因素。在完成直接还原过程后，直接还原铁温度较高，以致当其从直接还原生产设备送入炼钢车间过程中非常容易出现二次氧化。为了提高生产效率，实现热直接还原铁装料的连续性和运输的高效率，热直接还原铁输送系统应运而生。

热直接还原铁输送过程中要解决的两个问题有：（1）运输过程中要将热直接还原铁密封，使其与周围空气中的氧隔离，严格避免热直接还原铁被氧化；（2）为了确保经济效益，物料温度损失必须要小，这就要求运输设备具有良好的隔热保温效果。

目前国内外的物料输送研究和应用中，对系统（物料）的密封问题和隔热保温（尤其是高温物料保温）问题都是研究的重点和应用的难点。国外对于热直接还原铁输送系统研究应用比较成熟的公司是德国奥蒙德（Aumund）公司。在国内对于热直接还原铁的运输系统大多数停留在理论研究阶段，比如有专家提出采用内部有耐磨隔热内衬的溜管运送，但是这种运送方案只能在从高处往低处运输才能应用。

8.1 保温输送设备概述

现代的斗式提升机以及刮板输送机都是基于中国古代的转筒车和提水车研制而成。17 世纪中期，开始应用架空索道输送散状物料，而各种输送设备如雨后春笋般出现于 19 世纪中叶。首台钢带式输送机出现于 1905 年，而后英国和德国先后提出了惯性输送机。此后，输送设备受到机械加工工艺、电机动力系统、化工和冶金工业技术改革的影响，不断改善设备性能，使输送机的输送能力由车间内输送，扩展到企业内、企业间，甚至延伸到城市之间的输送，其使物料输送系统面向机械化和自动化起到了一定的促进作用。本章研究的是气基直接还原竖炉生产出来的热还原铁的保温输送设备，从已有的研究来看，保温输送设备主要有：普通机械输送系统、气力输送系统、热输送系统。

8.1.1　普通机械输送系统

机械输送系统主要有：皮带输送机、螺旋输送机、滚筒输送机、网带链输送机、斗式提升机、板链斗式提升机、顶板链输送机、带式输送机、链式输送机、液压升降平台、斗式提升机。

这些输送系统都是最常见、最一般的输送散体物料或成件物品的设备或系统，一般对物料没有特殊的要求，对物料也没有特别的保护措施，只是对物料做位置的改变，其机型复杂多变，种类繁多，线路布置较灵活。

8.1.2　气力输送系统

气力输送是指在密闭管道中以气体为输送载体来输送物料或小件物品。气力输送基于气流对物料颗粒的作用可以分为：固定床、流态床、连续流态化床 3 种输送状态。

固态床即当速度较低时气流自下而上通过料层，颗粒处于静止且互相接触状态，气流只是穿过颗粒之间的空隙。

流态床即随着速度的提高，颗粒之间的间隙随之增大。当流速增大到一定值时，气体对颗粒的作用力与其重力相抵消，颗粒刚好悬浮于气流中，并且相邻颗粒间挤压力的垂直分量为零即无挤压力，这种"沸腾"状的床层开始具有流体的特性，因此被称为流态床。

连续流态化床即当气流速度继续增大时床层逐渐失去上界面，颗粒状物料随气流运动的这种状态。

埃及的 Suez 钢公司在 2010 年第 2 季度投产了一座年产量为 195 万吨的 Energiron 直接还原竖炉，所生产的热海绵铁直接用气力输送系统热送至电弧炉，使直接还原铁在 600℃时进入电弧炉，直接还原铁从出竖炉至进电弧炉的整个输送过程降低了粉尘排放和热量的损失，从而保证尽可能高的金属收得率。

气力输送的优点：

（1）输送管道布局简单，走向灵活，降低厂房建设成本，易于管理；

（2）由于管道是内密闭，因此物料漏损、粉尘飞扬量极少，工人工作环境较好，输送过程中不受外界环境的影响；

（3）设备操作控制容易实现自动化；

（4）可进行远距离，连续的大批量物料输送；另外，在输送过程中可进行部分工艺（干燥、冷却、混合、分选等）的操作，降低工作周期。

气力输送的缺点：

（1）动力消耗较大；

（2）设备磨损严重；

（3）输送的物料受到此工艺的限制，不能输送潮湿、易黏结、易碎的物料；

（4）由于气力输送要经历三种床态，运输时是连续流态化床，所以对物料的流速不易控制。

8.1.3　热输送系统

热输送系统是指物料在高温下进行保温输送使其到达输送地时仍能保持高温状态的输送系统。根据热输送系统输送距离的不同，现有的热输送系统又可以分为：物料直送系统、耐热容器罐车输送系统和耐热传送带输送系统。

（1）热料直送也叫热连接系统，是靠重力输送的，这种输送是最简单、最可靠、维护成本最少的输送方法，能使直接还原铁在 700~750℃ 之间传送，由于直接还原铁不需要冷却及额外处理，在到达电弧炉时不但不会降低金属化率，还能维持最高的温度状态，较存储在传统直接还原/电弧炉组合设备中的冷直接还原铁，具有更好的物理性能。

美国 MIDREX 技术公司与阿联酋 Al-Ghaith（UAE）于 2003 年底签订了建设新型集成小钢厂的初步设计合同，率先研究安装了利用重力作用把热直接还原铁送至电弧炉的热连接系统。这是工业上第一套热输送系统。但是这种输送方式需要满足竖炉的出料口高于电弧炉的入料口，这样就加大了厂房的建设成本。

（2）耐热容器罐车输送系统是用卡车来运输容器，用起重机进行升降，能模拟与热输送一样的效果。Essar 钢厂多年来一直使用一种耐热容器罐将热直接还原铁输送到附近的炼钢车间。这种输送方法比重力输送系统运送的物料距离更远，而且不用把竖炉建的比电弧炉高很多，降低了建设成本，但是由于用车载容器罐，使热料不能连续的输送。

（3）耐热传送带输送系统。主要是靠链传动带动物料输送斗运动来运输物料，运输的过程中可以实现保温、密封隔绝空气等一些工艺需求，最主要的优点是可以实现连续运输，竖炉出料口比电弧炉入料口低。在当今的技术下，可以集物料直送与耐热容器罐车输送的优点于一身。

8.1.4　热送系统的工艺要求

根据直接还原铁的工艺要求，热的直接还原铁从直接还原竖炉出来后有 4 种去处：一是进入压块机进行压块处理，压块处理可以使 DRI 的密度增大，从而使 DRI 不易被氧化，降低金属化率。二是由于电弧炉不能及时消耗热的 DRI，因此，需要将多余的热 DRI 经冷却系统冷却后转化为冷的直接还原铁。三是经热送系统输送到电弧炉进行炼钢。四是经钝化处理，钝化处理有两种方法：（1）直冷钝化，即直接在还原反应器排出的高温还原铁球团上喷水冷却，球团表面将会形成一层极薄的 Fe_3O_4 薄膜，降低了还原铁球团的活性；（2）时效钝化，即生产中获得的海绵铁球团，在较高温度下直接平铺在通风良好的场地，平铺时料堆厚度要小于 1.5cm，使时效产生的热量得以迅速消散。另外，由于竖炉与电弧炉的工作时间及对 DRI 的吸收量不同，这就要求热送系统要具有一定的灵活性，即当竖炉的产量大于电弧炉的消耗量时，部分热 DRI 可以进行压块、冷却、钝化处理后储存起来、供临近的电弧炉使用或用于市场销售；反之，储存的冷的或压块的 DRI 可以与热的 DRI 混合投入电弧炉进行冶炼以保证生产的连续性。

8.2　输送斗物料输送系统

8.2.1　密封系统

物料采用输送斗输送，由于要求物料连续输送，因此可以选择链传动进行回转传动。经研究，确定对物料输送斗的保温密封输送系统有独立体密封（如图 8-1 所示）和整体密封（如图 8-2 所示）。

图 8-1　独立体密封

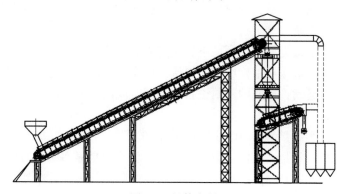

图 8-2　整体密封

8.2.1.1　独立体密封的工作原理

此独立体密封设备由上下两排传动链组成，上排链带动物料输送斗的密封盖，下排链带动物料输送斗同步传动，传动动力在上方链轮处，用同一个电机连接一个分速齿轮，使上下两排链轮同步运动，这样就可以满足物料输送斗输送物料的过程中刚好与相应的物料输送斗盖匹配，物料输送斗和斗盖共同起到密封和保温作用。

独立体密封方案的缺点：（1）由于输送距离长，链传动具有多边形效应，使得斗盖与物料输送斗之间很难形成严密的配合，并且输送距离过长使斗盖和物料输送斗在输送过程中抖动加剧，一旦两者间的密封配合被破坏，会导致直接还原铁失去其作为炼钢原料所具备的性质；（2）物料输送斗内物料由于只受料斗及斗盖的单层保温作用，在与整体密封方案成本相同时，保温效果不能满足项目的需要。若更换物料输送斗及斗盖的材料，使其满足保温效果，物料输送斗的成本或链传动的动力方面都将受到很大的影响，不能保证整体设备的安全性和可靠性；（3）物料输送斗及斗盖的传动系统都是链传动，链传动的自身特性对整体设备造成的影响较大；（4）由于每个在回转运动中斗盖都要与物料输送斗配合，所需车盖的数量较大；（5）由于斗盖与物料输送斗是配合运动的，所以在满足密封性的前提下，设备需要连锁运动，对设备的整体正常运行的技术要求比较高。

如果此方案的不足之处能够得以控制，则这种设备的优点也是显而易见的：（1）由于全程将物料密封在料斗内，热量的扩散范围小，热量散失少，直接还原铁进入电弧炉的温度高，节省能源，能更好地实现项目所提出的经济节约型；（2）在满足设备正常工作时，粉尘量小，工作环境更好，能更好地实现项目所提出的环境友好型。

8.2.1.2　整体密封方案的原理

整体密封设备依靠上端链轮的动力将物料放在输送斗内随斗一同在一个充满密封气体的密封仓内输送，密封气体是为了防止外界空气进入密封仓使热的直接还原铁发生二次氧化，这个密封气仓是由一个大罩子和物料输送斗共同组成，使密封气仓处在一个接近静态的环境下，免受外界环境的影响。保温效果主要是靠密封仓上盖和物料输送斗结构中的隔热层共同实现。保温罩与链传动相对运动之间的密封靠相对运动构件间的密封设备来实现，既能保证保温罩与链节的相对运动，又能保证其密封效果。

整体密封方案的缺点：相对运动构件间的密封对技术的要求较高，较难实现。如果此方案的不足之处能得以改善，则其优点也是显而易见的：（1）由于热量主要靠密封仓外罩和物料输送斗的隔热材料来降低损失，物料始终处在一个保温密封仓内，输送过程中的振动也可得到减弱，更容易实现设备整体运行的可靠性；（2）密封仓外罩同样起到保温隔热的作用，外罩外侧有钢板或其他材料围成的保护罩可以保护密封仓外罩免受外界环境的破坏，此结构可起到双重保护的作用；（3）在动力方面只靠一组链传动，不必考虑输送过程中的同步传动，并且输送过程中由链轮带动的构件减少，电机功率的需求降低，也降低了设备成本。

通过上述两种方案的对比，结合设备的实际生产过程，采用整体密封方案可以降低设备的技术难度，使设备能更安全，可靠的投入生产。

气基竖炉直接还原铁经耐高温的螺旋输送机从炉底排出，高温直接还原铁温度在700℃以上，如果可以在密闭状态下直接热送至电弧炉，既节省了电弧炉的电能，又能使环境不受到污染，即可成为节能环保型短流程生产工艺。

8.2.2 设计目标和参数

此处将以实际生产的直接还原铁为研究对象，根据伊朗某钢厂直接还原铁热送项目的技术要求，本部分所研究的热送系统的运输距离为102m，输送高度为44m，输送倾角为25.55°，采用链传动进行连续输送。

运送能力要求：项目要求年产量100万吨，每年工作250天，每天20个小时工作，可计算得到输送物料输送斗的运送能力为200t/h。进而计算出运送体积的能力为118m³/h。

8.2.3 物料输送斗的结构

所设计的料斗传动系统如图8-3所示，物料输送斗靠两边的链结带动而运动，输送斗和密封气仓罩围成一个封闭的空间。由于物料要在这个封闭的空间内输送，因此只要密封气仓外罩和物料输送斗的保温密封效果和结构形式能满足物料输送需求即可。

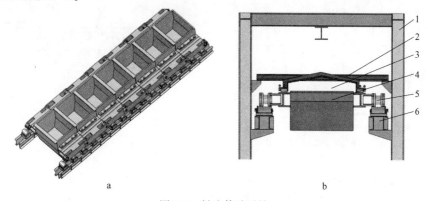

图8-3 料斗传动系统

a—传动图；b—端面图

1—框架；2—密封仓盖；3—密封仓；4—料斗；5—链节；6—支撑辊图

物料输送斗外形如图 8-4 所示，料斗由耐磨材料、保温材料和支撑材料组成。然而，为了防止输送斗在运动的过程中发生干涉或漏风缝隙过大，应根据输送斗的工作状况进行外形的工艺设计。根据链节拖动物料输送斗与链轮啮合时的实际情况，当链节绕在链轮上需保证料斗不干涉，如图 8-5 所示。可以初步确定出料斗外侧的结构尺寸，见表 8-1。物料输送斗的二维端面图如图 8-6 所示。

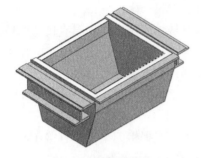

图 8-4　物料输送斗

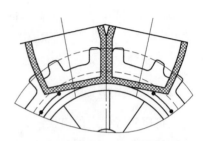

图 8-5　物料输送斗与链轮的配合

表 8-1　料斗外侧的结构尺寸

长 L/mm	宽 W/mm	高 H/mm	侧边角度/(°)
870	750	510	162

料斗实际运输时的倾斜角度为 25.55°，则根据计算，料斗内最大装载容积 $V=0.18\mathrm{m}^3$，如图 8-7 所示，直接还原铁的密度为 1.7t/m³，则最大装载量为 $M=0.305\mathrm{t}$，可选择合适装载量为 0.3t 进行运输及后期的计算。

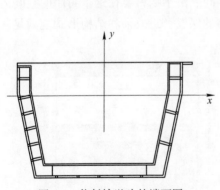

图 8-6　物料输送斗的端面图

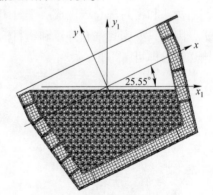

图 8-7　运输时的料斗

如果装料至物料输送斗的下边沿，则装载容积为 0.11m³，装载直接还原铁达 0.187t。这样装载物料虽能防止物料输送过程中因振动而出现滚动现象，但是每个料斗装载量减少，为了满足设备的年生产量，则输送速度需加快，这样则会导致更加剧烈的振动，对设备的寿命及可靠性将产生更严重的影响。

综合物料输送斗的实际工况，每个物料输送斗输送物料的 $m_料$、$V_料$ 为：

$$m_料 = m_内 + m_中 + m_外 = 0.3t \tag{8-1}$$

$$V_料 = \frac{0.3}{1.7} = 0.176m^3 \tag{8-2}$$

8.2.4 系统总体输送参数

初选料斗速度为 0.1m/s，物料输送斗宽为 0.75m，则每小时可通过 480 次，按照上述参数计算系统有效运送体积能力：

$$C_{V计算} = 0.176 \times 480 = 84.48m^3/h \tag{8-3}$$

输送系统输送质量能力为：

$$C' = C_{V计算} \times \rho = 143.6t/h \tag{8-4}$$

同理计算出车速为 0.2m/s 时的运送能力，整理见表 8-2。

表 8-2 物料输送参数

设 计 速 度	0.1m/s	0.15m/s
物料输送斗内斗轴向距离/m	1.08	1.08
物料输送斗内斗边宽/m	0.68	0.68
物料输送斗内斗边高/m	0.7	0.7
物料输送斗总数量（预计）/个	115	115
物料输送斗有效体积/m³	0.176	0.176
系统运送有效体积能力/m³·h⁻¹	84.48	126.72
系统运送有效质量能力/t·h⁻¹	143.6	215.4

由料斗输送能力的计算过程可知：在料斗结构确定后，料斗系统运送物料质量的能力只与料斗的输送速度有关。因此，为求输送质量能力为 200t/h，只需在 0.1m/s 和 0.15m/s 之间进行线性插值，即可得到精确的速度 $v = 0.139m/s$。

每个物料输送斗从轨道的一端运行到另一端需要的时间为：

$$t = \frac{\pi r}{2v} + \frac{l}{v} = \frac{3.14 \times 2.912}{2 \times 0.139} + \frac{99.9}{0.139} = 750s = 12.5min \tag{8-5}$$

式中　r——链轮分度圆半径，m；

　　　v——链轮线速度，m/s；

　　　l——链轮中心距，m。

8.3 物料输送斗

根据料斗连续输送物料的过程，物料在装载和卸载物料时对料斗内壁的磨损比较严重，并且内壁在输送过程中处于高温状态下，回程时在自然环境中自然冷却，工作环境比较恶劣，因此选择不锈钢材料作为料斗内壁。另外，料斗承载物料，因此料斗壁外层需要一定厚度的支撑钢板起保护料斗的作用。两层材料之间选取隔热材料起保温隔热作用。本书所研究的料斗与密封仓外罩相同，都属于多层壁结构。本节将通过有限单元法与试验研究对料斗的结构的确定、材料的选择及保温效果进行研究。理论分析同密封仓外罩的研究过程。

8.3.1　物料输送斗的隔热层

由于物料保温密封输送设备选用整体式方案，料斗也是实现保温密封效果的关键部件。因此，对料斗的结构及隔热层材料的选取就显得尤为重要，其方案有如下两种。

方案一：采用密封空气层做隔热层。

方案二：采用硅酸铝隔热材料做隔热层。

保温设备需用隔热材料，硅酸铝隔热材料作为常用隔热材料之一，承受的最高温度为1260℃，但考虑到设备的轻量化，曾提出用空气做隔热层，为此对两种材料进行对比研究。

8.3.2　料斗隔热层的仿真分析

料斗隔热层的仿真分析的仿真条件为：

（1）料斗结构：耐热不锈钢层（5mm），隔热层（20mm），低碳钢层（10mm）。

（2）物料输送斗耐热不锈钢层内侧与物料接触，取物料的最高温度为700℃。

（3）低碳钢层起支撑作用，外侧与大气环境接触，钢板与空气进行自然对流和辐射散热，自然对流系数为10W/（m² · ℃），钢板的辐射黑度取0.65。

（4）料斗外侧的环境温度设为室温30℃。

料斗隔热层的仿真研究的仿真结果如图8-8和图8-9所示。由图中两种方案的仿真分析结果可以看出，料斗壁的隔热层用空气层时保温效果较好，并且用空气层也使得物料输送斗的质量降低。然而，使用空气层又必须考虑空气的特殊性质。

根据气体的热膨胀理论可知，空气隔热层在高温下膨胀，使内侧不锈钢层和外侧支撑钢板层受到空气压力。根据体积、温度、压强的关系有：

$$\frac{P_1 \cdot V_1}{T_1} = \frac{P_2 \cdot V_2}{T_2} \tag{8-6}$$

式中　P_1——膨胀前的压强，Pa；

　　　P_2——膨胀后的压强，Pa；

T_1——室温，取 $T_1 = 30℃$ ；

T_2——工作温度，℃。

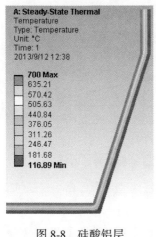

图 8-8 硅酸铝层

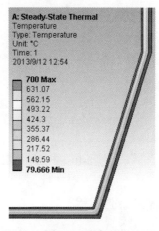

图 8-9 空气层

考虑到空气层温度的递变，取平均温度为 405℃，由于膨胀前后空气层的体积不变，可求出：$P_2 = 1.35MPa$，即内侧不锈钢层和外侧支撑钢板层都受到空气膨胀产生的 1.35MPa 的空气压力，通过仿真计算得出以下结论：

（1）即使取 10mm 厚的内侧不锈钢板，产生的应力在 1000MPa 以上，最大变形量为 47.7mm，此变形量已使不锈钢板不能正常使用。

（2）外侧支撑钢板产生的应力最大为 596.16MPa，最大变形量为 9.45mm，此应力已超出了钢板的许用应力。

根据以上结果可以看出：不锈钢板和支撑钢板受到高温下空气层的膨胀气体压力作用发生了严重变形，不能满足正常的工作需求。因此，空气层保温方案不能满足实际生产需要，需选用硅酸铝材料做隔热层。另外，若采用真空层代替空气层，由于料斗尺寸较大，生产过程中冲击、碰撞较严重，做到真空层的技术难度较大。

8.3.3 硅酸铝板厚度

不同隔热层厚度下的料斗外壁温度分布如图 8-10 所示，横坐标轴为隔热层厚度，纵坐标是物料输送斗外壁最低温度。

综合仿真结果的数据，初步选择料斗壁厚 65mm，隔热层厚度 50mm。料斗外侧最低温度为 63℃，外侧平均温度为 70℃，从理论分析角度能够满足使用要求。为确定所设计的料斗能够用于工程实际，需要充分考虑各种实际因素通过试验进行验证。

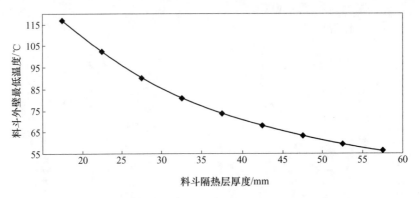

图 8-10　不同隔热层厚度与物料输送斗外侧最低温度曲线

8.3.4　料斗保温试验

对料斗进行温度场试验，通过监测物料的温度及料斗外壁的温度来验证料斗结构保温性能的可靠性及物料在输送过程中的温降的合理性。本试验只对物料的一次装卸载进行试验研究，未考虑输送循环过程中料斗的装料前的温度。试验所用的料斗选择料斗的设计参数，按 1：1 进行加工制造，由于未涉及料斗的输送强度问题，因此未加工支撑梁。料斗模型如图 8-11 所示，试验用料斗如图 8-12 所示。

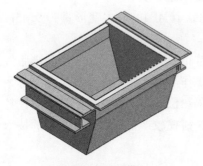

图 8-11　料斗模型

图 8-12　试验用料斗

（1）试验原理和方法。根据料斗输送物料的真实工况进行试验，将加热到 700℃ 等质量的物料放入料斗内保温放置 10min，在物料靠近内壁处、料中心、两者间插入三个热电偶（量程为 −20～1100℃），求出物料的平均温度，并用红外线测温仪测量料斗外壁的温度，每隔 10s 记录一次数据，通过对数据的处理，观察物料的温降情况和料斗的保温效果进而指导料斗结构的改进。试验原理图如图 8-13 所示。

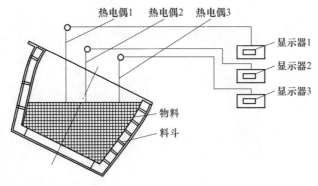

图 8-13 试验原理图

（2）试验结果及分析。物料输送的提升过程中，物料、料斗内壁温度随时间的变化曲线如图 8-14 所示。根据温降曲线，拟合出温降函数。

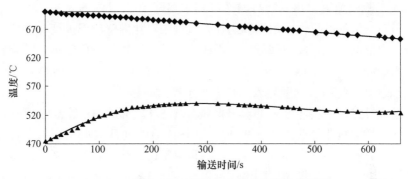

图 8-14 物料及料斗内壁温度随时间的变化曲线

（1）物料平均温降与时间的关系：

$$T_1 = -0.07t + 699.92 \tag{8-7}$$

（2）料斗内壁温度随时间的变化函数：

$$T_2 = 1.1 \times 10^{-6}t^3 - 0.0014t^2 + 0.5617t + 472.91 \tag{8-8}$$

物料输送提升时以料斗内壁温度随时间的变化关系作为温度条件进行温度场仿真，其结果如图 8-15 所示。输送回程时以提升过程中的温度场为温度条件，此时内壁的对流换热系数取 5W/（m·K），外壁的对流换热系数取 2W/（m·K），这是由于回程时外壁在上侧，所处的环境温度较高，内壁在空气中自然冷却，所处环境温度相对较低，其仿真结果如图 8-16 所示。

由仿真结果可以看出物料提升时料斗的最外侧最低温度在角点，此处为二维导热，热损较壁面处大，温度为 41℃，而斗壁的平均温度为 44℃。在回程过程中料斗内壁温度为 246℃，外壁的平均温度为 50℃。仿真结果与试验结果一致。

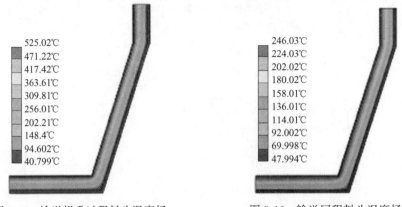

图 8-15　输送提升过程料斗温度场　　　图 8-16　输送回程料斗温度场

由图 8-14 可知，在输送提升过程中物料的平均温度由 700℃降至 659℃，温降为 41℃，满足研究提出的物料输送过程中温降 50℃以内的要求，说明本节优化所得料斗结构的可行性。根据输送提升过程中料斗内壁的温度变化曲线，与物料相接的内部温度先升高后降低，分析认为是开始段物料给内壁加热，物料温度降低，内壁温度升高，内壁导入的热量大于导出的热量，随着物料温度的降低（尤其是表面的温度），内壁导入的热量小于导出的热量。

输送提升过程中料斗外壁的温升曲线如图 8-17 所示。由图 8-17 可知，随着装料时间的增加料斗外壁温度逐渐升高，10min 后温度升至 45℃，低于优化仿真时的温度，分析认为其原因有两方面：一是由于设计前无温降参考，以恒温稳态进行研究，试验过程是模拟实际输送过程，综合了各种因素，物料的温度是变化的；二是试验过程中料斗尚未达到最高温度，一直处在储能的过程（由料斗外壁平均最高温度可达 60℃的测量数据可知）。

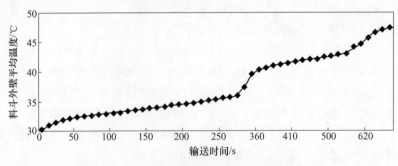

图 8-17　料斗外壁随输送时间的温度曲线

测量加料 10min 时料斗外壁的温度，见表 8-3。另外测得卸料后 30min 内，料斗外壁的平均最高温度达到 60℃。表中数据显示料斗外侧各部位温度不同，分析认为主要原因是由于试验过程中用保温盖来模拟密封罩，在料斗搭接处会出现泄漏问题，因此料斗边沿附近的温度高于其下部的温度。

表8-3 加料10min时料斗外壁各部位温度

输送端面上沿处	输送端面物料上边界	输送端面下部
68.4℃	48.3℃	44.6℃

（3）输送回程过程中料斗内壁温降曲线，如图8-18所示。根据斗内壁温降曲线拟合出温度与时间的关系：

$$T_3 = 0.0008t^2 - 0.9231t + 527.51 \qquad (8-9)$$

图8-18显示料斗在回程过程中自然冷却时的温度降至242.7℃，主要是为了给出料斗在循环输送过程中内壁的温度参考，为料斗输送过程中的温度研究提供实验依据。

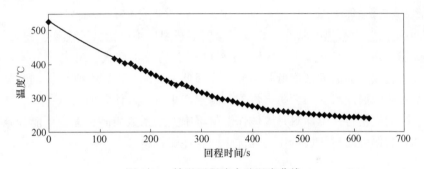

图8-18 输送回程斗内壁温度曲线

综上所述，通过试验验证，说明所设计的料斗具有可靠的保温性能并且物料在输送过程中的温降能满足要求。

8.4 气体密封仓

8.4.1 密封仓内气体

鉴于本装置的特殊性——需隔绝氧气，以免物料发生二次氧化，所以在保温罩内需要充入非氧化性气体，然而又由于保温罩内的高温环境，所以一般的膨胀系数较大的气体不能充当保护气。对能充当保护气的气体进行了数据筛选，通过比对气体特性及经济性，最终确定选择氮气充当保护性气体。

8.4.2 氮气仓外罩材料

为了使物料辐射的热量不至于散失得过多，需要对氮气仓外罩的隔热材料认真筛选，选择既能满足隔热性能又能使成本最低的材料，根据市场上隔热材料的实际情况，初步选择复合硅酸盐隔热毡或泡沫混凝土。

根据氮气仓外罩的结构图可知，外罩靠悬挂梁悬在基体上，几乎所有重力都靠外罩外侧钢板支撑，如果外罩过重，则对设备的强度要求较大，因此需选择容重较小的隔热材料，初步选用复合硅酸盐毡，在内侧涂一层硅酸铝隔热涂层，在硅酸盐隔热毡的外侧固定厚为 5mm 的钢板，用于固定支撑隔热材料。

复合硅酸盐板（管、毡）导热系数较低，是一种较好的耐高温保温材料，是近些年发明的一种新型材料，保温性能好，耐热性能明显，与所有同类保温材料相比耐高温的保温材料之中容重最低，还具有施工方便、无刺激、无粉尘污染、可任意裁卷、运输安装损耗率极低等优点，广泛使用于石油、冶金、化工、国防等行业，各种热力罐体、管运等设备的保温隔热、耐高温、节能的理想材料。

硅酸铝复合保温涂料为新型绿色无机涂料，燃烧性能为 A 级防火不燃材料，具有耐高温、整体无缝、稳定可靠、抗裂、抗震性能好等一系列优点。在 $-40 \sim 800 ℃$ 范围内急冷急热的状况下具有保温层不开裂，不脱落，不燃烧，耐酸、碱、油等优点。弥补了传统的墙体保温涂料中存在的吸水性大，易老化，体积收缩大，容易造成产品后期强度低和空鼓开裂降低保温涂料性能等现象，同时又弥补了聚苯颗粒保温涂料易燃，防火性差，高温产生有害气体和耐候低，反弹性大等缺陷。硅酸铝复合保温涂料是墙体保温材料中安全系数最高，综合性能和施工性能最理想的保温涂料，性价比远远优于同等性能材料。

8.4.3 氮气仓外罩温度场

本节主要研究氮气仓外罩的温度场、氮气仓外罩的温度场仿真及其隔热层厚度的优化。进行温度场研究的目的在于研究氮气仓外罩的结构参数，确定合适的结构。

由于氮气仓外罩的尺寸问题，罩子的复合硅酸盐隔热毡厚取 40mm，支撑钢板厚取 5mm，而罩子的长、宽远远大于罩子的厚，因此对罩子厚度方向上的温度场分析可抽象为一维模型。假设氮气仓内温度为 600℃，而外罩不仅会受到氮气的对流换热还会受到物料的辐射，由于氮气仓外罩最终会达到稳定温度场，所以假设氮气仓罩子内侧的温度为 650℃，外界环境温度为 40℃，由于钢板的工作环境较恶劣，因此选取其发射率为 0.87，氮气仓外罩固定不动，与外界空气没有相对运动，而且外界空气也没有进行强制对流，取 $h = 10W/(m^2 \cdot K)$。

根据一维导热傅里叶定律：

$$Q = -\lambda \frac{\partial T}{\partial x} A \tag{8-10}$$

积分得：

$$Q = \lambda \frac{T_1 - T_2}{S} A \qquad (8\text{-}11)$$

或

$$q = \lambda \frac{T_1 - T_2}{S} = \frac{T_1 - T_2}{\dfrac{S}{\lambda}} = \frac{T_1 - T_2}{R_\lambda} \qquad (8\text{-}12)$$

式中 R_λ——热阻，K/W。

对于氮气仓外罩，由于是三层壁，如图 8-19 所示，所以有：

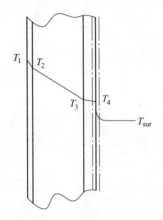

图 8-19 多层罩壁温度梯度图

$$q = \frac{\lambda_1}{S_1}(T_1 - T_2) \qquad (8\text{-}13)$$

$$q = \frac{\lambda_2}{S_2}(T_2 - T_3) \qquad (8\text{-}14)$$

$$q = \frac{\lambda_3}{S_3}(T_3 - T_4) \qquad (8\text{-}15)$$

式(8-13)、式(8-14)、式(8-15) 相加得：

$$q = \frac{T_1 - T_4}{\dfrac{S_1}{\lambda_1} + \dfrac{S_2}{\lambda_2} + \dfrac{S_3}{\lambda_3}} \qquad (8\text{-}16)$$

由于热扩散和电荷扩散之间存在着类比关系，则热阻可定义为驱动势与相应的传输速率的比值，则平壁的导热热阻有：

$$R_{cond} = \frac{T_1 - T_2}{q} = \frac{S}{\lambda} \qquad (8\text{-}17)$$

$$R_{conv} = \frac{T_1 - T_2}{q} = \frac{1}{h} \qquad (8\text{-}18)$$

$$R_{\text{rad}} = \frac{T_1 - T_2}{q} = \frac{1}{h_r} \tag{8-19}$$

而对于同一个表面有多种导热类型的情况，可以类比并联电阻，如氮气仓外罩的外侧，既有对流换热又有辐射，则罩子外侧的热阻可等效为对流热阻与辐射热阻的并联，则 $\sum R_\lambda = \dfrac{1}{h + h_r}$，对氮气仓外罩，由于是一维稳态导热问题，则热流量 Q，热流密度 q 都为常数。即：

$$q = \frac{T_1 - T_{\text{sur}}}{\dfrac{S_1}{\lambda_1} + \dfrac{S_2}{\lambda_2} + \dfrac{S_3}{\lambda_3} + \dfrac{1}{h + h_r}} = \frac{T_1 - T_4}{\dfrac{S_1}{\lambda_1} + \dfrac{S_2}{\lambda_2} + \dfrac{S_3}{\lambda_3}} \tag{8-20}$$

式中 T_1——料斗内侧温度；

$\quad\quad T_4$——料斗外侧温度；

$\quad\quad T_{\text{sur}}$——环境温度；

$\quad\quad \lambda_1$——不锈钢层导热系数；

$\quad\quad \lambda_2$——硅酸铝板导热系数；

$\quad\quad \lambda_3$——钢板导热系数；

$\quad\quad S_1$——不锈钢层层厚度；

$\quad\quad S_2$——硅酸铝板厚度；

$\quad\quad S_3$——支撑钢板厚度；

$\quad\quad h$——料斗外侧对流换热系数；

$\quad\quad h_r$——黑度。

则有：

$$T_s = T_4 = T_1 - \frac{(T_1 - T_\infty) \cdot \left(\dfrac{S_1}{\lambda_1} + \dfrac{S_2}{\lambda_2} + \dfrac{S_3}{\lambda_3} \right)}{\dfrac{S_1}{\lambda_1} + \dfrac{S_2}{\lambda_2} + \dfrac{S_3}{\lambda_3} + \dfrac{1}{h + h_r}} \tag{8-21}$$

以试算的方法进行计算，取 $h_r = 7\text{W}/(\text{m}^2 \cdot \text{K})$，可计算出 $T_4 = 344\text{K}$，再将 T_s 代入，有：

$$h_r = \varepsilon\sigma(T_3 + T_\infty) \cdot (T_3^2 + T_\infty^2) \tag{8-22}$$

式中 ε——发射率；

$\quad\quad \sigma$——斯蒂芬-玻耳兹曼常数，$\sigma = 5.67 \times 10^{-8}\text{W}/(\text{m}^2 \cdot \text{K}^4)$。

再次计算 h_r，所得结果未发生变化，则可知：

$$T_4 = 344\text{K} = 71\text{℃}$$

由于外罩上的钢板只是起到支撑作用，钢板的导热系数较大，并且其导热系数随温度的升高，降低幅度不明显，因此在支撑板中的温度梯度较小，对隔热层外侧的温度影响较小，可忽略，则 $T_3 \approx T_4$。

8.4.4 氮气仓外罩厚度

在实际传热过程中，与氮气仓外罩的外侧面接触的空气会形成一层特殊的薄层，在这层空气层中温度梯度很大，进行 ANSYS 仿真时选取一层薄空气层，厚度为 0.3mm。由于使用钢板的目的是起支撑作用，且钢板的导热系数远远大于隔热材料的导热系数，所以钢板的厚度对钢板两侧的温差几乎没有什么显著的影响，因此钢板的厚度能满足支撑作用所需的强度即可，取 5mm。而硅酸铝涂层只是一层隔热层，工作中正常的厚度为 3mm，此处取普通涂层的厚度值。然而，由于复合硅酸盐隔热毡质轻，并且氮气仓外侧温度高达 73℃，因此可以考虑适当增加复合硅酸盐隔热毡的厚度，降低氮气仓外侧的温度。

分别选取不同厚度的复合硅酸盐隔热毡进行研究，得出不同复合硅酸盐隔热毡厚度对氮气仓外侧温度影响情况的变化趋势曲线图，如图 8-20 所示。

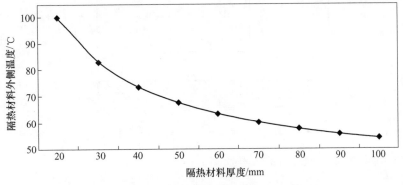

图 8-20　不同隔热层厚度下仓罩外侧温度曲线

根据拟合的曲线可以看出，复合硅酸盐隔热毡材料越厚，保温效果越好，然而复合硅酸盐隔热毡材料的生产厚度为 30～80mm，材料厚度大于 60mm 时，隔热材料厚度对材料外侧温度的影响越来越小，再结合输送设备的工作环境，初步选定复合硅酸盐隔热毡厚度为 70mm，隔热材料的外侧温度将达到 60℃。

8.4.5 氮气仓内压强

为了防止空气进入密封仓内，需要让密封仓内形成具有一定压强的氮气环境，并且不断的向密封仓内补充氮气。从成本的角度考虑，若能得到合理的氮气补充量，使密封仓内维持稳定的压力，且稳定的压力能避免外界空气扩散进入密封仓内即能满足使用要求。为了求得合适的压力，本节从相对运动部件之间润滑油的角度，通过平行平板间的缝隙流动理论进行研究。

在机械中存在着各种形式的充满油液的配合间隙，如活塞与活塞缸间，轴与轴承间的环形间隙、圆柱与支承面间的端面间隙、滑块与滑板间的平面间隙等。液体就是通过这些微小的间隙进行流通的，当缝隙两端存在压强差，或者形成缝隙的机构发生相对运动，液体在缝隙中就会产生流动。由压差引起的流动通常称为压差流，由配合机件间的相对运动引起的流动通常称为剪切流。本节主要研究差压流，在不破坏润滑油层的前提下，计算出密封仓内氮气的压强。

液体通过平行平板缝隙的流动是最一般的流动情况，是既受到压差 $\Delta p = p_1 - p_2$ 的作用，又受到平行平板间相对运动的作用，其原理如图 8-21 所示。图中 h 为缝隙高度，b 和 L 为缝隙宽度和长度，一般恒有 $b \gg h$ 和 $L \gg h$。

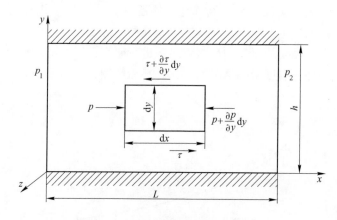

图 8-21　平行平板间缝隙流动受力图

沿 x 轴（流动方向）的平衡方程如下：

$$pb\mathrm{d}y - \left(p + \frac{\partial p}{\partial x}\mathrm{d}x\right)b\mathrm{d}y + \tau b\mathrm{d}x - \left(\tau + \frac{\partial \tau}{\partial y}\mathrm{d}y\right)b\mathrm{d}x = 0 \tag{8-23}$$

化简后：

$$-\frac{\partial p}{\partial x} = \frac{\partial \tau}{\partial y} \tag{8-24}$$

由于压差只与 x 有关，而与 y、z 无关，剪应力只与 y 有关，而与 x、z 无关，则：

$$\frac{\mathrm{d}\tau}{\mathrm{d}y} = -\frac{\mathrm{d}p}{\mathrm{d}x} \tag{8-25}$$

由牛顿黏性定律知：

$$\tau = \mu \frac{\mathrm{d}u}{\mathrm{d}y} \tag{8-26}$$

则：

$$\frac{\mathrm{d}\tau}{\mathrm{d}y} = -\mu\frac{\mathrm{d}^2u}{\mathrm{d}^2y} \tag{8-27}$$

所以，

$$\frac{\mathrm{d}^2u}{\mathrm{d}^2y} = \frac{1}{\mu}\frac{\mathrm{d}p}{\mathrm{d}x} = \frac{1}{\mu}\frac{\Delta p}{l} \tag{8-28}$$

对式(8-28)积分可得：

$$u = -\frac{\Delta p}{2\mu l}y^2 + C_1y + C_2 \tag{8-29}$$

对密封仓内压强的研究，主要针对平板缝隙间流体的速度。主要从以下三种情况进行研究：（1）两平行平板不动，但两板间有压差（$u=0$，$\Delta p \neq 0$）；（2）两平行平板间存在相对运动，但两板间无压差（$u \neq 0$，$\Delta p = 0$）；（3）两平行平板有相对运动且两板间有压差（$u \neq 0$，$\Delta p \neq 0$）。

（1）$u=0$，$\Delta p \neq 0$。

1）流动的边界条件：

$$\begin{aligned} y=0, \ u=0; \\ y=h, \ u=0 \end{aligned} \tag{8-30}$$

相应的两个积分常数为：

$$C_1 = \frac{\Delta p}{2\mu l}h, \quad C_2 = 0 \tag{8-31}$$

2）速度分布：

$$u = \frac{\Delta p}{2\mu l}(hy - y^2) \tag{8-32}$$

断面上的速度是按抛物线规律分布：

$$y = \frac{h}{2}, \quad u_{\max} = \frac{\Delta p}{8\mu l}h^2 \tag{8-33}$$

3）通过缝隙的流量：

$$q = b\int_0^h u\mathrm{d}y = \frac{bh^3}{12\mu l}\Delta p \tag{8-34}$$

4）平均流速：

$$v = \frac{q}{bh} = \frac{h^2}{12\mu l}\Delta p \tag{8-35}$$

5）平均流速与最大流速比：

$$\frac{v}{u_{\max}} = \frac{2}{3} \tag{8-36}$$

6）压力损失：

$$\Delta p = \frac{12\mu l v}{h^2} \tag{8-37}$$

流体在管道中流动时，由于流体与管壁之间有黏附作用，以及流体质点之间存在着内摩擦力等，沿流程阻碍着流体的运动，这种阻力称为沿程阻力。

$$h_\lambda = \lambda \frac{l}{d} \frac{v^2}{2g} \tag{8-38}$$

式中，d 为水力直径，$d = \dfrac{4 \times 截面积}{湿周}$，对润滑油层 $d = \dfrac{4bh}{2b} = 2h$。

所以，

$$h_\lambda = \lambda \frac{l}{2h} \frac{v^2}{2g} \tag{8-39}$$

缝隙两边有压强差，能量损失以压强差的形式表现出来，因此沿程损失又叫做压强损失。有：

$$h_\lambda = \frac{p_1 - p_2}{\rho g} = \frac{\Delta p}{\rho g} \tag{8-40}$$

所以，

$$\Delta p = \lambda \frac{l}{2h} \frac{\rho v^2}{2} = \frac{12\mu l v}{h^2} \tag{8-41}$$

由于：

$$\lambda = \frac{96}{Re} \tag{8-42}$$

所以，

$$Re = \frac{2\rho v h}{\mu} = \frac{2vh}{\upsilon} \tag{8-43}$$

（2）$u \neq 0$，$\Delta p = 0$。

根据图 8-22 确定速度和流量的表达式如下：

速度分布：

$$u = \frac{u_0}{h} y \quad (y \geqslant 0) \tag{8-44}$$

流量：

$$q = \frac{bu_0}{2} h \tag{8-45}$$

（3）$u \neq 0$，$\Delta p \neq 0$。

根据图 8-23 确定速度和流量的表达式如下：

速度分布：

$$u = -\frac{\Delta p}{2\mu l}\left(\frac{h^2}{4} - y^2\right) \pm \left(\frac{U}{h}y + \frac{U}{2}\right) \qquad (8\text{-}46)$$

流量：

$$q = \left(\frac{h^2}{12\mu l}\Delta p \pm \frac{U}{2}h\right)b \qquad (8\text{-}47)$$

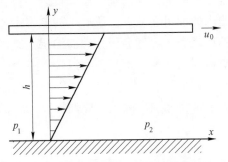

图 8-22　两板相对运动、无压差　　　　图 8-23　两板相对运动、有压差

在压强差和上板运动共同作用下的间隙，使液体流动形成压差流和剪切流的叠加，这种混合形式称为压差剪切流（或剪切压差流）。

$$u = \frac{\Delta p}{2\mu l}(hy - y^2) \pm \frac{u_0}{h}y \quad (0 \leqslant y \leqslant h) \qquad (8\text{-}48)$$

$$q = b\int_0^h u\mathrm{d}y = b\left(\frac{h^3}{12\mu l}\Delta p \pm \frac{u_0}{2}h\right) \qquad (8\text{-}49)$$

显然，只有当 $u_0 = \pm\frac{h^2}{6\mu l}\Delta p$ 时，平板间的液体的流动才会被阻断。

当两平行平板不产生相对运动时，平板间的液体流动只由压差引起，这种形式称为压差流动，其值为：

$$q = \frac{bh^3\Delta p}{12\mu l} \qquad (8\text{-}50)$$

由此可见，对于本结构，在 z 方向上，没有平板的相对运动，只有两边的压差，为了使润滑油起到润滑、冷却、增强密封的效果，不能使润滑油被压差压穿，也即是不能使润滑油有流速、流量。由上式可知，要使 $q = 0$，则 $\Delta p = 0$，说明必须使滑道两侧等压。即氮气仓内的压强等于滑道上的润滑油压与大气压的和。

$$p - p_0 = \rho g h_1 \qquad (8\text{-}51)$$

式中　p_0——标准大气压；

　　　ρ——润滑油密度；

　　　h_1——滑块上的油面高度。

　　即：

$$p = p_0 + \rho g h_1 \tag{8-52}$$

例如：用甘油做润滑油，甘油密度为 $1258 kg/m^3$，取油槽厚度为 10mm，则：

$$p = p_0 + \rho g h = 1.01 \times 10^5 + 1258 \times 10 \times 10 \times 10^{-3} = 101125.8 Pa$$

另外，润滑油不能选用一般性质的润滑油，原因是滑块与滑道直接与氮气舱接触，而氮气仓内温度较高，如果是普通的润滑油，温度升高，润滑油的黏性会降低，而滑道是在链节上的，在链节的结合处有缝隙，润滑油黏度降低后，将会从缝隙中渗出，如果不及时注入润滑油油槽内的油量会减少，所产生的危害主要有：（1）氮气舱内压强高于外界大气压与油压之和，氮气会压穿润滑油层，氮气的泄露量会增加；（2）相对滑动的滑块与滑板间的润滑油不足，润滑效果将会受到影响，而且摩擦热不能很好地被有效的润滑油冷却，将影响滑块、滑道的性能；（3）由于润滑油的泄露，对润滑油的需求量将增加。因此，要选择高温下仍具有满足需要的黏度的润滑油。

8.5　输送系统中的密封

泄漏是机械设备常见的故障之一。造成泄漏的原因主要有三个方面：一是由于机械加工的原因使得机械产品的表面存在各种缺陷；二是设备两侧存在压差，导致工作介质发生泄漏；三是设备安装过程中导致的密封不严。密封技术在机械设备中直接决定设备的安全性、可靠性及寿命。机器的密封要求可以通过使用密封设备防止介质的泄漏，也可通过补充泄漏量使介质达到平衡的方法来实现。本节主要研究两方面的密封问题：一是输送系统中料斗与密封仓外罩间相对运动部件间的密封；二是中间仓的密封。

8.5.1　传输链与保温罩之间的密封设备

本节主要针对物料在料斗内输送的过程中固定的密封罩与运动的链节间的密封进行的研究。

由于热的直接还原铁与空气中的氧气接触会发生二次氧化，所以在直接还原铁的热送过程中要全程密封，在用物料输送斗把物料输送到高处时，密封仓外罩是与机架固定在一起的，而物料输送斗是随链节一起运动的，高温环境下相对运动的两构件之间的密封技术尚不完善，但是在热送直接还原铁的链传动过程的密封可以考虑以下几种形式：

（1）T 型落棒式密封；

（2）润滑脂密封；

（3）塑料板密封；

（4）弹簧密封；

（5）板簧式密封；

（6）磁流体密封。

T 型落棒式密封，密封装置不可靠；由于氮气仓内温度较高，在 600℃ 以上，润滑脂密封是在油槽内压入润滑脂，而润滑脂在高温下黏性会降低，失去润滑作用；塑料板密封结构因其材料的原因，不能承受还原铁的高温环境；弹簧密封在凹槽内的弹簧不能阻隔两侧的气体对流，而且弹簧力不均匀；磁流体密封的磁液配比比较困难，并且技术要求比较高，现在研究的还不成熟。

由于热的直接还原铁在运输过程中不会出现大量的粉尘，这种工作环境适合板簧密封装置，因此本节将板簧密封设备作为直接还原铁输送系统的保温密封设备，并已申请专利。

8.5.2 板簧密封原理

板簧密封方式采用弹簧滑块滑道密封方式。物料在由料斗和密封仓外罩围成的密封仓内输送，然而密封仓外罩是固定在机架上的，料斗是靠链传动输送物料的，因此两者形成了相对运动，现选用板簧密封设备来降低相对运动件间的泄漏问题。

板簧密封设备，这种密封结构如图 8-24 所示。图中 3 为 S 型的两条冷弯成型的不锈钢构件，与上下两块等长的不锈钢板组成板簧密封结构，防止缝隙处进入空气，实现密封的目的。由于料斗是固定在传输运动的链节上，两侧的两个链节托动一个料斗，而运动的传输链托动一排料斗，组成热输送系统，本节所研究的是所有运动的链节底部与机架的密封，以及与密封罩的密封。

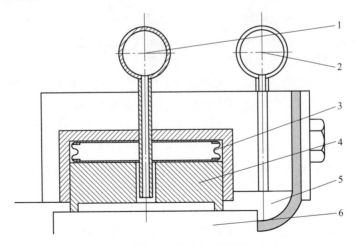

图 8-24 弹簧滑块滑道密封结构放大图
1—通油孔；2—通气孔；3—特殊材料的弹簧；4—滑块；5—氮气仓；6—滑道

为了达到更好的密封效果，通过通油孔给滑道注入耐高温润滑油对轨道润滑的同时在轨道上形成一层有利于密封的油膜。在通氮气孔处通入氮气，形成一个氮气仓，也对此处密封起到加强作用。

我国还没有竖炉直接还原铁生产厂家，因此图 8-24 所示的专利技术，还没有在实践中应用，初次使用有可能会在直接还原铁输送系统中出现问题，现提出以下几种可能，以便做好预防措施，使输送系统能更好地实现其输送功能。可能出现的问题主要有：

（1）板簧的弹力设计是否合理，在生产中可能出现板簧压断或密封不良的问题。当弹力设计过大时，料斗在输送过程中使滑动面动力过大，摩擦力增大，板簧的瞬间应力可能会超出其屈服应力致使其断裂；当弹力设计过小时，料斗在输送过程中由于弹力不足使滑动面形成很好的接触，即不能达到良好的密封效果，使滑块与滑道接触不好而出现密封不良现象。

（2）板簧在高温环境下工作，会产生永久性的塑性变形或使板簧的弹力出现较大变化，影响板簧的正常工作，因此需要选取合适的板簧材料。

（3）由于板簧在高温区工作，附近会发生膨胀变形，因此板簧在安装的时候需预留一定间隙，这样板簧对滑块的压力会减小，而且由于预留间隙的存在，会影响设备的密封效果。

以上是对板簧研究时提出的几个由于设计不当可能会出现的问题，而在实际生产中可能还会遇到其他的问题，这些只能在实际生产中结合综合因素进行考虑。

8.5.3　板簧压力

针对板簧密封的常见问题：板簧的弹力设计不当，在生产中经常出现板簧压断或密封不良的问题，在此进行板簧压力的研究，目的是为了设计合理的板簧弹力，使板簧密封设备能发挥其最佳的密封效果。

板簧式密封装置是通过纵向两块板簧来代替传统的螺旋弹簧，两块板簧贯通整个设备，虽然密封板和密封槽两侧存在间隙，但是板簧间的两块平板将两侧间隙隔开，避免了上下两个平面的气体对流。由于板簧比压的存在，板簧不仅使滑块与滑道接触面贴合，而且还会使粗糙的接触面上的接触点产生变形，形成较小的密封间隙，再加上润滑油的作用将会形成一个阻隔气体对流的油仓，共同实现密封作用。

虽然较大的板簧压力可以使滑块与滑道间的密封间隙减小，但是压力过大又会使滑块与滑道间形成的润滑油油膜厚度减小，磨损加剧；另外，由于压力过大，动摩擦加剧，将产生更多的摩擦热，会破坏动静面材料的性能，从而加剧了滑块滑道的磨损。而压力过小又将使滑块与滑板间的贴紧力不足，不能起到很好的贴紧效果。兼顾摩擦和密封特性两方面的要求并正确选择弹簧比压，是使板簧密封处于最佳工作状态的要点。因此，在调节板簧压力的问题上还需要认真仔细的研究。

根据相关研究及设计经验，板簧密封设备中板簧压力应取 $90kg/cm^2$ 左右，且板簧选择厚度为 $0.12\sim0.2mm$ 的不锈钢材料。这种设计参数可以使板簧在工作时具有合适的工作压力，并且具有较适中的弹性。

8.5.4　板簧温度场

由于板簧工作的温度较高，工作中对其可靠性要求较严格。因此，首先需要确定其工作温度，以确定合适的板簧材料，使板簧能可靠的工作。结合板簧设备工作位置，如图 8-25 所示，根据导热微分方程：

$$a\,\nabla^2 t + \frac{q_v}{c_p\rho} = \frac{\partial t}{\partial \tau} \tag{8-53}$$

其中，$\nabla^2 t = \dfrac{\partial^2 t}{\partial x^2} + \dfrac{\partial^2 t}{\partial y^2} + \dfrac{\partial^2 t}{\partial z^2}$ 称为对温度 t 的拉普拉斯运算。

对板簧的工作状况进行分析，可以发现，板簧受到料斗的导热和高温氮气的辐射作用，且板簧内部无热源，另外，由于板簧与密封仓外罩固联，长时间受到导热和辐射作用，处于稳态，因此板簧的导热微分方程可简化为

$$a\,\nabla^2 t = 0 \tag{8-54}$$

板簧贯穿整个输送传动系统在输送方向可以看作是无限大平板，对板簧的温度场的研究可简化为二维稳态导热模型，如图 8-26 所示，用 ANSYS 软件对其进行温度场仿真。

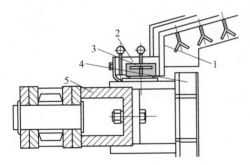

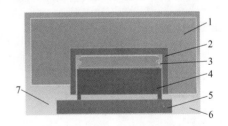

图 8-25　板簧设备工作位置图　　　　　　　图 8-26　板簧温度场模型图

1—氮气仓外罩；2—板簧设备支持部分；　　　1—板簧设备支持部分；2—板簧隔热层；3—板簧；

3—板簧隔热层；4—料斗；5—链节　　　　　4—滑块；5—滑道；6—高温氮气；7—空气

仿真假设条件：

（1）板簧右侧直接与氮气仓外罩接触，根据氮气仓外罩温度场的研究，则右侧温度设置为 650℃；

（2）料斗支撑梁上的凸台由于导热作用，根据料斗外壁温度场的分析，其

温度取 100℃ ;

（3）外界空气温度假设为 30℃ ;

（4）板簧左侧与空气接触的对流换热系数取 20W/（m² · K），辐射黑度取 0.65。

板簧仿真结果如图 8-27 所示。

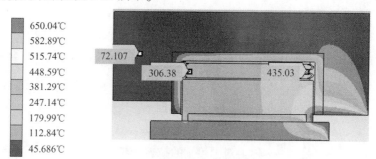

650.04℃
582.89℃
515.74℃
448.59℃
381.29℃
247.14℃
179.99℃
112.84℃
45.686℃

72.107

306.38

435.03

图 8-27　板簧仿真结果云图

根据仿真结果可以看出，工作时靠近料斗侧板簧温度能达到 435℃，靠近外侧板簧温度达到 306℃。板簧选用不锈钢材料，经过筛选，选择不锈钢 310S（国内的标号是 0Cr25Ni20），这种不锈钢是奥氏体铬镍不锈钢，具有抗氧化、耐腐蚀的特性，由于铬和镍的含量较高，因此 310S 的蠕变强度较高，耐高温性较好，在 800℃高温下能连续工作。其密度为 7.98t/m³，耐热不锈钢板 310S 的耐热温度在 1080℃左右。

另外，板簧的应力要求为 90 公斤＝90kg/cm²＝9MPa，而 310S 不锈钢的屈服应力不小于 205MPa，因此能满足板簧的应力要求。

8.5.5　中间仓的密封研究

本节所研究的中间仓是直接还原铁经过链传动输送机后所进入的一个物料缓存仓。由于物料需在此处暂存，因此更加需要做好密封措施，防止危险的发生：（1）堆积的物料因再氧化而过热，导致爆炸；（2）因再氧化生成碱性物质而降低设备寿命。

针对中间仓的特殊情况，本节提出了中间仓恒压泄漏补偿的密封方案，并通过试验进行验证，试验原理图如图 8-28 所示，工厂试验时的装置如图 8-29 所示。

本试验在室温下进行，形成的氮气环境压强不应超过 2 个大气压，用空气来代替氮气进行试验。试验中可能出现的漏气是由于密封不严而导致的，但实际中漏气口的大小无从测量，因此，只能间接的测量漏气量。试验时将上口做个可控的开口，下口进气，在不同的开口时用阀门调整进气量使仓内压强恒定，并记录数据。

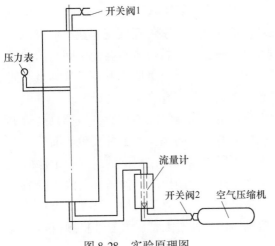

图 8-28　实验原理图

图 8-29　试验装置图

　　实验分为容器中有无矿两组实验，气体从容器的下部充入，上部模拟容器的漏气口；有矿的实验组是加入距容器上端 32mm 的球团矿。由于容器内形成恒压环境，因此理论上有无球团矿对泄漏的影响应该不大，选用两组试验，目的是为了进行对比，观察不同装载量的物料对充气量的影响情况。对实验数据进行处理，可得出如图 8-30 所示的曲线关系。

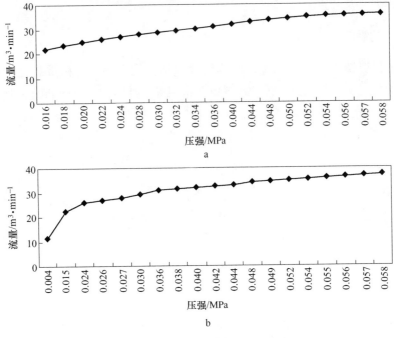

图 8-30　两组试验数据拟合的曲线

a—无矿实验组；b—有矿实验组

由图 8-30 可直观地看出：仓内有无物料对恒压气体补充量的影响几乎可以忽略；容器的泄漏量随容器内压强的增高而增强，过多的氮气充入量会使容器内压强越大，中间仓内外压差越大，泄漏越严重；充入量过少将会使中间仓内的压强逐渐降低，最终将起不到隔绝空气的作用。最佳补充量应刚好等于泄漏量，使中间仓始终处在恒压环境。这也正符合本课题对氮气仓内压强的设定。

由于对泄漏的计算比较困难，前人也做过对泄漏情况的实验，但都只是给出有关泄漏的效果的检测实验，如差压式检测有一个问题：当工件发生泄漏后，工件中气体压力随之下降，泄漏越多，压力下降也越大，在测试的过程中工件内气体压力并不恒定，因此只能定性的检测而不能定量的检测。恒压补偿法实验主要是针对一些对检测精度要求比较高的设备进行检测，对于大型、精度要求较低的容器，用恒压补偿法不合适，而本实验则给出了针对大型、气密性检测精确要求不高的泄漏补偿定量检测的方法。

8.6   高温保温螺旋输送机

为了解决传统螺旋输送机无法对高温热直接还原铁进行输送、下料和保温等操作的不足，高温保温螺旋输送机应运而生，它可以在输送 700℃ 高温物料的过程中对其进行保温的同时还可以实现对高温物料的定时定量下料。本节内容将介绍该技术方案及装置。

8.6.1   结构组成

高温保温螺旋输送机的主要结构组成包括：机壳装置、称重装置、绞龙装置、冷却装置、密封装置、传动装置以及机架等。其结构示意图如图 8-31 所示。

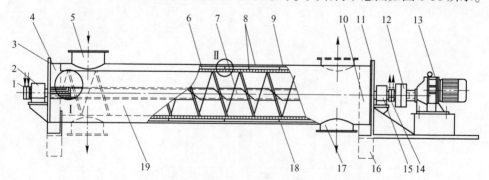

图 8-31   高温保温螺旋输送机结构示意图

1—进水口螺旋接头；2—前带座轴承；3—前密封板；4—前隔热层；5—进料口；6—衬套；7—绞龙；
8—不锈钢筒腔；9—保温层；10—后隔热层；11—后密封板；12—弹性套联轴器；13—带电机减速机；
14—出水口螺旋接头；15—后带座轴承；16—称重模块；17—出料口；18—环状支撑隔板；19—圆筒形机壳

作为物料承载并兼具保温效果的机壳装置，其外观呈圆筒形，由衬套和两层不锈钢筒腔组成，圆筒形机壳的前、后两端分别焊接有前隔热层、前密封板和后密封板、后隔热层，为保证温降较小，隔热层选用耐高温、耐磨金属材料制成，圆筒形机壳的下部设置一称重模块，实现定时定量的下料功能。进料口和出料口分别位于机壳装置的两端，亦可根据实际需要改变其位置。

机壳装置的衬套由耐高温耐磨金属材料制成，衬套的外边是两层耐高温不锈钢筒腔，其间采用环状支撑隔板连接。靠近衬套的内侧筒腔为空气层，靠近外侧机壳的筒腔为填充硅酸铝的保温层，保温层的厚度可根据实际要求的散热量确定。

绞龙装置作为物料输送的执行部件，其中心轴贯穿前、后隔热层和密封板，两端采用带座轴承支撑固定，通过弹性套联轴器与带电机减速机的输出轴相连接。为保证绞龙使用效果及寿命，其材质选用耐高温耐磨金属材料，结构上，绞龙的中心轴设计为中空，在其内设置冷却水道通冷却水以降低温度，叶片的内部同中心轴类似，设置冷却水道，若选用优质耐高温耐磨金属材料，叶片亦可为实芯结构。

8.6.2　保温原理

为有效降低螺旋输送机内物料的热量损失，依据传热学基本理论，应增大机壳的导热热阻。因此，采取的措施是在机壳内部设置耐高温耐磨整体衬套，同时增设了由空气层和硅酸铝材料保温层复合而成的双层不锈钢材料筒腔。通过导热系数小的空气层、保温层以及多层筒体的叠加作用，有效地降低了高温保温螺旋输送机内高温物料的热量散发，从而达到对高温物料的保温功能。

绞龙装置的中心轴贯穿整个机壳，并通过弹性套联轴器与带电机减速机的输出轴相连接，为降低机壳两端的热量损失，同时延长动力传动机构（如轴承、传动轴、减速机等）的使用寿命，在机壳的前、后两端分别设置保温层、隔热层和密封层，各层的具体厚度尺寸应根据实际要求的散热量而确定。

机壳内绞龙的中心轴穿过隔热层和密封层后伸出机壳，再由带座轴承固定支撑后与传动机构相连，这种结构既有效降低了物料的热损失，又能够对机壳、密封板、带座轴承、弹性套联轴器和带电机减速机等传动装置起到隔热保护作用，显著改善了动力传动机构的轴承、传动轴和行星摆线轮减速机的工作环境，提高了传动机构的使用寿命。

绞龙中心轴和叶片是物料输送的直接执行部件，一直处在高温高强度工作状态，为保证其使用效果及寿命，除了选用耐高温耐磨金属材料进行加工外，在结构上将绞龙和叶片设计为中空，在其内部设置冷却水道以通水冷却，降低其工作温度，提高其使用性能，可保证绞龙中心轴及叶片在高温下具有良好的强度和耐磨性能。

　　前隔热层能够对前密封板、前带座轴承起到隔热保护作用。同理后隔热层能够对后密封板、后带座轴承、弹性套联轴器和带电机减速机等起到隔热保护作用，改善了动力传动机构的轴承、传动轴和行星摆线轮减速机的工作环境，提高了传动机构的使用寿命。

参 考 文 献

［1］ Bai Minghua, Long Hu, Li Liejun, et al. Kinetics of iron ore pellets reduced by H_2-N_2 under non-isothermal condition ［J］. International Journal of Hydrogen Energy, 2018, 43 (32): 15586~15592.

［2］ Bai Minghua, Long Hu, Ren Subo, et al. Reduction Behavior and Kinetics of Iron Ore Pellets under H_2-N_2 Atmosphere ［J］. ISIJ International, 2018.

［3］ Bai M H, Han S F, Zhang W Y, et al. Influence of bed conditions on gas flow in the COREX shaft furnace by DEM-CFD modeling ［J］. Ironmaking and Steelmaking, 2016: 1~7.

［4］ Xu K, Bai M H. DEM simulation of particle descending velocity distribution in the reduction shaft furnace ［J］. Metallurgical Research & Technology, 2016, 113 (6): 603.

［5］ 徐宽, 白明华. 竖炉内颗粒、空隙率及气流分布模拟 ［J］. 钢铁, 2017, 52 (7).

［6］ Bai M H, Ge J L, Piao Y M, et al. The Study of the Ventilation Influence to Gas-Based Direct Reduction Shaft Furnace Flow Field ［J］. Applied Mechanics & Materials, 2013, 405~408: 2990~2993.

［7］ Long Hu, Bai Minghua, Jia Yanzhong, et al. Investigation of factors affecting drying characteristics of pellets made from iron bearing converter sludge ［J］. Ironmaking and Steelmaking, 2016.

［8］ Long Hu, Jia Yanzhong, Liang Delan, et al. Effect of direct reduction parameters on characteristics of metallized pellets made from converter sludge ［J］. Ironmaking and Steelmaking, 2017.

［9］ 白明华. 高温保温螺旋输送机: 中国, 201110047436. 2 ［P］. 2013-01-16.

［10］ 傅菊英, 姜涛, 朱德庆, 等. 烧结球团学 ［M］. 长沙: 中南大学出版社, 1996.

［11］ 邱冠周, 姜涛, 徐经沧, 等. 冷固结球团直接还原 ［M］. 长沙: 中南大学出版社, 2001.

［12］ 方觉. 非高炉炼铁工艺与理论 ［M］. 北京: 冶金工业出版社, 2002.

［13］ 杨双平, 王苗, 折媛, 等. 直接还原与熔融还原冶金技术 ［M］. 北京: 冶金工业出版社, 2013.

［14］ 范晓慧. 铁矿造块数学模型与专家系统 ［M］. 北京: 科学出版社, 2013.

［15］ 毛宗强, 毛志明. 氢气生产及热化学利用 ［M］. 北京: 化学工业出版社, 2015.

［16］ 张一敏. 球团理论与工艺 ［M］. 北京: 冶金工业出版社, 2002.

［17］ 沈颐身, 李保卫, 吴懋林. 冶金传输原理 ［M］. 北京: 冶金工业出版社, 2003.

［18］ 汪琦. 铁矿含碳球团技术 ［M］. 北京: 冶金工业出版社, 2005.

［19］ 贝尔 (J. Bear). 多孔介质流体动力学 ［M］. 李竞生, 陈崇希, 译. 北京: 中国建筑工业出版社, 1983.

［20］ 胡国明. 颗粒系统的离散元素法分析仿真 ［M］. 武汉: 武汉理工大学出版社, 2010.

［21］ 吴爱祥, 孙业志, 刘湘平. 散体动力学理论及其应用 ［M］. 北京: 冶金工业出版社, 2002.

［22］ Kurunov I F. The direct production of iron and alternatives to the blast furnace in iron metallurgy for the 21st century [J]. Metallurgist, 2010, 54 (6): 335~342.

[23] Otavio Macedo Fortini. Energy and Raw Materials in the Selection of Technologies for Iron and Steel [J]. Metallurgical and Materials Transactions E, 2016, 3 (3): 189~202.

[24] Yu K O, Gillis P P. Mathematical Simulation of Direct Reduction [J]. Metallurgical Transactions B, 1981, 12 (B): 111~120.

[25] Sharma T, Gupta R C, Prakash B. Effect of Reduction Rate on the Swelling Behaviour of Iron Ore Pellets [J]. ISIJ International, 1992, 32 (7): 812~818.